被数学
支配的每一天

[英] 克里斯·韦林◎著　李冠廷◎译
（Chris Waring）

MATHMATTERS

The Hidden
Calculations
of
Everyday Life

机械工业出版社
CHINA MACHINE PRESS

这是一本幽默风趣的数学生活指南，它以轻松的方式向我们展示了日常生活中无处不在的数学。无论是起床后煮咖啡，通勤路上的交通选择，还是职场中的招聘决策，甚至是购物时的优惠计算，游戏中的心理博弈，数学在这些情境中都扮演着不可或缺的角色。书中的例子和插图既有趣又富有启发性，能够帮助读者更好地理解数学概念。通过阅读本书，你会发现数学不只存在于抽象的公式中，更渗透在我们生活的每一个细节里，影响着我们的决策和行为。希望本书能帮你克服数学焦虑，享受数学的乐趣。

Mathmatters: The Hidden Calculations of Everyday Life/by Chris Waring/ ISBN: 9781789293678

Copyright © Michael O'Mara Books Limited, 2022

Copyright in the Chinese language (simplified characters) © 2024 China Machine Press. This edition is authorized for sale in the Chinese mainland (excluding Hong Kong SAR, Macao SAR and Taiwan).

本书由 Michael O'Mara Books Limited 通过北京演绎科技有限公司授权机械工业出版社出版与发行。此版本仅限在中国大陆地区（不包括香港、澳门特别行政区及台湾地区）销售。未经许可之出口，视为违反著作权法，将受法律之制裁。

北京市版权局著作权合同登记　图字：01-2023-5631 号。

图书在版编目（CIP）数据

被数学支配的每一天 /（英）克里斯·韦林（Chris Waring）著；李冠廷译 . -- 北京：机械工业出版社，2024. 9. -- ISBN 978-7-111-76338-3

Ⅰ. O1-49

中国国家版本馆CIP数据核字第2024L0N860号

机械工业出版社（北京市百万庄大街22号　邮政编码100037）

策划编辑：蔡　浩　　　　　责任编辑：蔡　浩
责任校对：梁　园　张昕昕　　责任印制：李　昂
河北环京美印刷有限公司印刷
2024年9月第1版第1次印刷
148mm×210mm·6印张·128千字
标准书号：ISBN 978-7-111-76338-3
定价：59.00元

电话服务　　　　　　　　网络服务

客服电话：010-88361066　　机　工　官　网：www.cmpbook.com
　　　　　010-88379833　　机　工　官　博：weibo.com/cmp1952
　　　　　010-68326294　　金　　书　　网：www.golden-book.com
封底无防伪标均为盗版　机工教育服务网：www.cmpedu.com

阅读指南

每一天，你有几千个决定要做。有些属于主动的、有意识的决定，比如拿起这本书，阅读这些字。有的则是本能的，或者说机械的决定，做决定的你并没有意识到自己在做决定。做决定的时候，你依赖的可能是经验，是直觉，是逻辑，也可能是所有这三样东西。但不管怎样，其中的逻辑——以及与逻辑相伴的数学——是做一切决定的基础。

这本书旨在带你从数学的角度观察种种日常活动，揭示其背后由方程（equation）、算法（algorithm）、公式（formula）和定理（theorem）构成的数学大千世界。相信我，要是没有数学，你煮不了咖啡，骑不了车，雇不着人，睡不着觉。

书中需要你理解的所有数学知识，你读到哪儿，我就解释到哪儿，所以，哪怕你一毕业就把数学抛在脑后了，也不用担心读不懂。我希望你读过这本书之后能明白：懂一点日常生活中的数学知识，好处非常大。你可能会获得一种惊奇感，想不到生活中的一些细枝末节竟能对行为的结果产生那么大的影响，你也可能会对人生拥有更强的掌控感。

在我们进入正题之前，我得帮你复习一些基本的数学概念。你不用非先读这部分不可，后面遇到了生疏的内容，翻回来查就可以。

比（Ratio）

所谓"比"，就是不同数值的比例，数学老师也许会用"份"来解释。比方说要调制一桶紫色油漆，你可以用五份红漆混合七份蓝漆，用数学的语言来说，红漆与蓝漆的份数比是 5∶7。

比的概念很有用处，它不像做菜用的菜谱那样依赖于具体的数值。刷一小面墙壁也好，刷谷仓的一整面墙也好，两种漆的份数比总是一样的。

表面积和体积（Surface Area and Volume）

三维的物体会占据空间。比如一个盒子一共六个面，被那六个面包在里面的就是它占据的空间。我们管这六个面的面积加起来的大小叫"表面积"，因为表面都是平面，所以表面积的大小就用平方单位来衡量，比如厘米²（cm²）、米²（m²）。包在盒子里的空间，就是这个盒子的"体积"，因为盒子是立体的，所以体积就用立方单位来衡量，比如厘米³（cm³）、米³（m³）等。用下面的这个盒子举例：

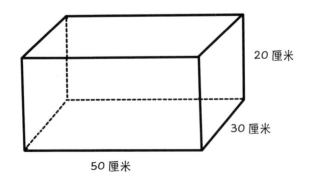

20 厘米

30 厘米

50 厘米

这个盒子长 50 厘米，宽 30 厘米，高 20 厘米。它的表面积就是把表面所有长方形的面积加在一起。长方形的面积等于长乘宽。这个盒子的表面一共有三种长方形，每种长方形有两个，三种长方形的面积分别是：

$$50 \times 30 = 1500（厘米^2）$$
$$50 \times 20 = 1000（厘米^2）$$
$$30 \times 20 = 600（厘米^2）$$

所以，这个盒子的表面积就是 $2 \times (1500 + 1000 + 600)$ 厘米^2 = 6200 厘米^2。这个盒子的体积是把其长、宽、高乘在一起，也就是：

$$体积 = 50 \times 30 \times 20$$
$$= 30000（厘米^3）$$

不同形状的物体，其表面积和体积的算法也不一样，等后面遇到了，我再具体说明。

圆和球（Circle and Sphere）

自然界有很多圆和很多球，所以，掌握两者背后的几何知识是很有用的。首先，我们得明白一些术语。圆心到圆周的距离叫"半径"（radius）。半径加半径——也就是从圆周穿过圆心直到对面的距离——叫"直径"（diameter）。

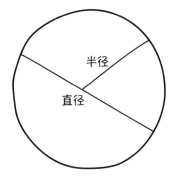

很久以前，人们就发现，用一

个圆的周长（即绕圆一周的长度）除以它的直径，不管这个圆多大，数值总是一样的。这个数比 3 大一点点，算到小数点后第八位的话，就是 3.14159265，这个数在数学的许多领域都会用到。它是一个无限不循环小数，在数学中用希腊字母 π 表示。看到这个字母，我总会想到英格兰巨石阵（Stonehenge）里的那种巨石牌坊——对了，巨石阵本身就是同心圆的造型。

圆的面积等于 π 乘其半径 r 的平方，即 πr^2。

圆的周长等于 π 乘其直径 d，即 πd，又因为直径等于半径的两倍，所以也可以写成 $2\pi r$。

至于球（半径为 r），它的表面积和体积也有公式：

$$球的表面积 = 4\pi r^2$$

$$球的体积 = \frac{4\pi r^3}{3}$$

幂和根（Power and Root）

幂其实在前文已经出现过了，比如 r^2、r^3。幂其实就是一种缩写，表示一个数自乘若干次。比如 $5 \times 5 \times 5$，要想写得简短些，就可以写成 5^3。另外，我们称右上角那个小小的数字为指数，指数是 2 的数叫平方数，指数是 3 的数叫立方数。

幂反着算的结果就叫根。比如，5 的平方（二次幂）是 25，那么 25 的平方根（二次方根）就是 $5^{\ominus}$——你看，这样就等于算回来了。又比如 5 的立方（三次幂）是 125，那么 125 的立方根

⊖ 还有 –5。一个正数有两个平方根，它们互为相反数，一正一负，其中正的平方根叫算术平方根。——编者注

（三次方根）就是 5。在表示根的时候，需要用到根号。以平方根为例：

$$\sqrt{100} = 10$$

要表示立方根或者更高次方根，在根号的左上角写上相应的根指数就可以，比如：

$$\sqrt[3]{8} = 2$$

毕达哥拉斯定理（Pythagoras Theorem）

所谓毕达哥拉斯定理，就是直角三角形的三条边在长度上存在的一种特殊关系。这种三角形最长的边永远是和直角相对的那条边，被称为斜边，其他两条是直角边 ⊖。在下图中，我们可以得到：

$$a^2 + b^2 = c^2$$

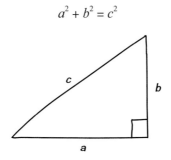

⊖ 中国古代称直角三角形为勾股形，短直角边为勾，长直角边为股，斜边为弦，所以称这个定理为勾股定理。周朝时期的商高提出了"勾三股四弦五"的勾股定理的特例。——编者注

根据毕达哥拉斯定理，我们只要知道直角三角形两条边的长度，就能算出剩下一条边的长度。比如已知直角边求斜边：

$$c = \sqrt{a^2 + b^2}$$

已知斜边和一条直角边，求另一条直角边：

$$a = \sqrt{c^2 - b^2}$$

速度、距离和时间（Speed, Distance and Time）

有关速度、距离和时间的计算，我们要考虑两种情况：一种涉及加速度，一种不涉及加速度。如果不涉及加速度，三者的关系就非常简单：速度 = 距离 ÷ 时间。

比方说我坐火车从伦敦去爱丁堡，两地之间的距离为 640 千米，全程 6 小时，那么火车的速度就是 640 千米 ÷6 时，取整数就是 107 千米 / 时。事实上，这只是平均速度，因为我们知道，火车开动时要加速，沿途到站停车时要减速，上坡时可能还会开得慢一点，诸如此类。

如果涉及加速度，计算就会稍微复杂一些。如果加速度是固定不变的，我们就可以利用下面这些公式：

$$v = u + at$$
$$v^2 = u^2 + 2as$$
$$s = ut + \frac{at^2}{2}$$
$$s = \frac{(u+v)t}{2}$$

其中，u 代表开始时的速度（初速度），v 代表结束时的速度（末速度），a 代表加速度，s 代表位移 ⊖，t 代表时间。

密度（Density）

1 吨羽毛和 1 吨砖头哪个更重？这个脑筋急转弯可有年头了，我们都应该听过。有人可能觉得砖头更重。但事实上，羽毛和砖头既然都是 1 吨，当然是一样重的，砖头听起来更重是因为它的密度远远大于羽毛。也就是说，1 吨砖头的体积要远远小于 1 吨羽毛的体积。

质量、密度和体积之间的关系可以用下面的公式表达：

$$m = \rho V$$

其中，m 代表质量，ρ 代表密度，V 代表体积。

质量与重量是有区别的，我们应当分清楚——至少数学家和科学家必须得分清楚。日常对话中，这两个词经常被混用，但其实二者在意义上存在微妙的差别，反映在数值上也不同。质量衡量的是一个物体所含物质的量，单位是千克（kg）。重量衡量的是一个有质量的物体受到了多大的重力，正确的单位应该是牛顿（N）。比方说你从地球到了月球上，你的质量是不变的，但因为月球引力比地球小，所以你的重量会减小。在地球上：

$$G = mg$$

⊖ 位移与路程不同：位移是初位置到末位置的直线距离，路程则是实际运动路径的长度。如果是方向始终不变的直线运动，位移与路程的大小相等。——编者注

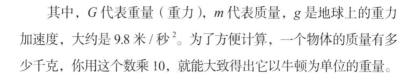

其中，G 代表重量（重力），m 代表质量，g 是地球上的重力加速度，大约是 9.8 米 / 秒 ^{2}。为了方便计算，一个物体的质量有多少千克，你用这个数乘 10，就能大致得出它以牛顿为单位的重量。

函数图像（Graph of Function）

俗话说，一图胜千言。也许对于数学家来说，一张图能顶得上 1000 个数。函数本身就表示两种数之间的关系。以 $y = x + 1$ 为例，这个函数非常简单，意思就是，不管 x 是多少，y 总比 x 多 1。我们也可以用图来表达这种关系。一般来说，我们画一条横轴表示 x 的数值，画一条纵轴表示 y 的数值，并标上刻度，然后任意给 x 选一个数，比如 2，那么 y 自然就是 3。这时候，我们就在横轴上找 2，纵轴上找 3，在图上把这个点标出来：

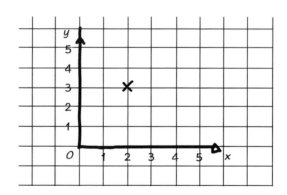

为了标明这种点，数学家会使用"坐标"（coordinate），由横轴和纵轴组成的系统叫坐标系。对于上图那个点来说，它的坐标就是（2，3）。根据同样的函数，我们还可以在图中标出其他的点。把所有这些点都标出来，它们肯定会连成这样一条直线：

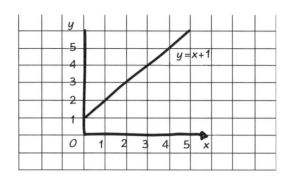

这条线就是函数 $y = x + 1$ 的图像。这么做很有用处，我们能很方便地看到这个函数在哪些地方成立。这条线还可以在两端无限延伸。一张图里也可以画出多个函数的图像，而且这些图像也不一定都是直线。

比方说，我们在上面那个图里再画出函数 $y = 2^x - 5$ 的图像：

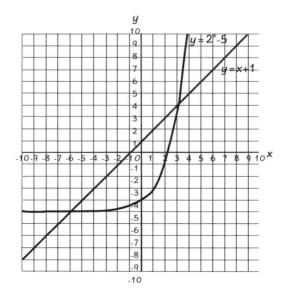

其中，两条线的交点就是两个函数都成立的地方，这对解决数学问题很有帮助。

概率（Probability）

所谓概率，就是表示一件事发生的可能性大小的量。总的来说，一件事发生的概率可以用分数、小数或者百分数表示，最小值是 0，表示不可能发生；最大值是 1，表示肯定会发生。有些事情发生的概率是可以用数学算出来的。计算此类情况的概率，我们可以做一个除法，除数就是一共可能的结果数，被除数就是其中属于此类情况的结果数。比方说，我手里拿着一个普通的六边形色子，我要算算掷出一个奇数的概率。这样掷色子，一共有 6 种可能的结果，即掷出 1、2、3、4、5、6，属于奇数的有 3 种结果，即掷出 1、3、5。那么这个概率就是 $3 \div 6$，写成 0.5 或者 50% 都行。

不等式（Inequality）

在数学上，我们有时候能明确知道一个东西的数值。比方说我告诉你，我心里想着一个数，这个数的一半是 7，那么你就可以明确地算出，我想的那个数是 14。但如果我告诉你，我心里想的这个数的一半要比 7 大，你就不大可能猜到我到底想的是什么数，但你能猜到这个数肯定比 14 大。假设我心里想的那个数是 n，那么第一种情况就可以写成等式 $n = 14$；第二种情况就要用不等号写成不等式，即 $n > 14$。

注意，一旦用这个符号，我心里的数就不能是 14。如果我想把 14 这种可能性加进来，就可以写成 $n \geq 14$。下面多出的那条线，意思就是前后两个数也可以是相等的。

不等号也可以连着用。比方说，我告诉你我心里的数大于 4，小于或等于 9，那么写出来就是 $4 < n \leq 9$。

三角学（Trigonometry）

人们发现用圆的周长除以直径，总能得出同样的数，而在直角三角形的边与边之间也有类似的关系。只要直角三角形的一个锐角不变，那么不管这个三角形多大，每两条边的长度相除的数值也总是不变的。这些数值被列成一张表，只要你知道一个直角三角形里任意一条边的长度（保持锐角不变），就可以根据这张表算出另外两条边的长度。今天的电子计算器里就预存了这张表。直角三角形两个边长之间的这种关系被称为三角函数，主要有正弦（sin）、余弦（cos）和正切（tan）三种：

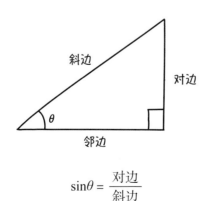

$$\sin\theta = \frac{对边}{斜边}$$

$$\cos\theta = \frac{邻边}{斜边}$$

$$\tan\theta = \frac{对边}{邻边}$$

如果你知道其中一个锐角的大小和一条边的长度，就可以用上述公式算出另外两条边的长度。如果你知道其中两条边的长度，想知道角的大小，那就要把上面那个表反过来用，也就是所谓的反三角函数：

$$\theta = \arcsin\left(\frac{对边}{斜边}\right)$$

$$\theta = \arccos\left(\frac{邻边}{斜边}\right)$$

$$\theta = \arctan\left(\frac{对边}{邻边}\right)$$

复习课到此结束。记住，如果需要，随时都可以翻回来看。既然已经做好了准备，就让我们开启这被数学支配的一天。首先，我们来看看早上要做的几件事情背后有什么数学道理。

目　录

阅读指南

第一部分

起床喜洋洋

从起床那一刻起，

你的这一天就离不开数学。

在接下来的几章里，

我们要分别看一看——

数学如何支配你喝咖啡，

如何让你的浴室演唱会超给力，

如何指导你的晨练。

第一章　闻香识咖啡

　　你是不是这样我不知道，但我早上要是不喝杯咖啡，就感觉自己不算个健全人——恐怕连半残都算不上。刚起床的我，按掉吵闹的闹钟，脚步踉跄地走下楼，几乎没有意识，几乎不算个脊椎动物。等我把咖啡壶和其他必要的家伙什儿拿出来，烧好水煮好咖啡，再抿上那么一口，整个人瞬间就神气起来了。

　　我不是个例。全球大约有 35% 的人每天都会喝咖啡，斯堪的纳维亚地区的人均咖啡消耗量最高。美国有 60% 的成年人有喝咖啡的习惯。全世界每天能喝掉 40 亿杯这种"神奇药水"，整个咖啡产业的年产值超过 1000 亿美元。从种咖啡豆的农民，到调咖啡的咖啡师，咖啡产业为成千上万人提供了就业机会。

长咖啡豆的咖啡树是一种灌木，原产于埃塞俄比亚，当地的山羊和鸟类很爱嚼咖啡豆。15 世纪末，人们发明了一种把这种豆子做成饮料的工艺，咖啡从那时开始便在北非和阿拉伯半岛流行起来。种种神奇的功效意味着这种饮料一定会继续火下去。17 世纪，中东的移民把咖啡带到了欧洲，许多欧洲城市里面都出现了这些移民开设的咖啡馆。自此，咖啡馆文化很快从欧洲传遍世界，咖啡树也种遍了全世界。

在咖啡流行前，欧洲人爱喝酒精饮料。喝酒虽不像喝生水那样容易感染伤寒、霍乱等疾病，却有损伤大脑的严重副作用。咖啡可就不同了，它能改善记忆力，提升注意力，所以咖啡馆自然就成了欧洲知识分子的聚会场所。这些人形形色色，不管阶层高低，不管有钱没钱，不管是科学家、经济学家、政治家还是革命党，全都会聚在咖啡馆里高谈阔论，任何人都可以加入。一些历史学家认为，17—18 世纪的启蒙运动就是从咖啡馆里诞生的。

放多少？

煮咖啡里面的数学学问极其复杂。给这种浓稠、含有微小颗粒的液体——除了咖啡，也包括血液和浓汤——建立数学模型，研究其中颗粒的运动方式，这是数学家仍在努力的方向。我们普通人倒是可以想想更简单的问题，比如做咖啡的第一步，到底要往壶里放多少咖啡豆？我用的是那种劲头不大不小的咖啡粉，我可以通过调整咖啡粉与水的比例来调整咖啡的浓度。用质量去算，把这个比例定在 1∶10，就能煮出一杯把脑袋炸蒙的浓咖啡；定在 1∶16，喝起来就更淡，喝完不会心脏怦怦跳。为了摄入等量的咖啡因，咖啡越淡，我喝的总量就得越多。当然，水越少，咖啡的味道越浓，这个道理是显而易见的。

"比"这个概念到底妙在哪儿呢？只要在每 13 克水里放入 1 克咖啡粉，就能得到我想要的那种咖啡，这个数我可是通过多次实验发现的（没错，我就是这样一个数学宅）。这个配方可以写成 1∶13。"比"的妙处就在于，它完全不依赖任何具体的计量单位，只要使用同一种质量单位就行。不管是用 1 克咖啡粉配 13 克水，还是用 1 盎司（1 盎司 ＝28.35 克）咖啡粉配 13 盎司水，只要咖啡粉和水用同样的质量单位测量，哪怕是用吨，用标准大象体重，用中国的两（1 两 ＝50 克），做出来的咖啡的浓度都一样。

不过，我真不愿意在寒冷的冬天，穿着睡衣裤，哆哆嗦嗦地站在那里，只为称出 1 克咖啡粉。这就是比的另一个妙处：可以轻松地放大。我在比值两边乘以同一个数，就可以把它们变成新的、更大的数，但同时还能保证比值不变。比方说，我在 1∶13 的比号两边各乘 20，这个比就成了 20∶260。也就是说，我可以用 20 克咖啡粉去配 260 克水，这种数量可就好操作了。我们量水，一般不用质量，而用体积。而 1 毫升水恰恰是 1 克重，换算起来相当方便。所以我往壶里倒 260 毫升水就行。这样做出来的咖啡大约有 260 毫升，倒在杯里再加一点点奶，刚好是满杯的香浓。

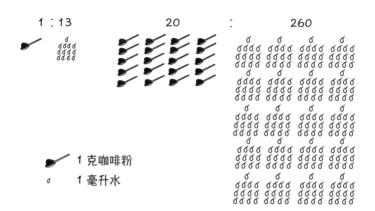

就算是 20 克咖啡粉，每天早上都去称量也怪麻烦的，尤其是那时候的我连眼睛都睁不开。直接用勺把咖啡粉往咖啡壶里舀，这要方便得多。用甜品勺舀满满一勺，里面的咖啡粉大约有 12 克。那这么多咖啡要配多少水呢？原来的比值是 1∶13，需要的水的质量自然是咖啡粉的 13 倍，也就是 12 克 × 13 = 156 克。比值因而被放大成了 12∶156。但 12 克咖啡粉肯定没有 20 克咖啡粉给力。不如舀两勺咖啡粉，将比值再放大一倍，变成 24∶312。这 300 多毫升咖啡的浓度能满足我的需要，倒满一杯后，壶里还有富余，可以续着喝。用这种方式给自己的一天充电，还不用天天早上折腾电子秤，不赖。当然了，我在煮水、倒水的时候还是要仔细，确保理想的水量，但如果你能根据自己口味的浓淡选到容量合适的咖啡壶，那事情就会变得更简单。

咖啡进阶

我敢说你肯定认识那种特别把咖啡当回事儿的人，甚至可能都有点过头了。这种人使的可能是那种意式浓缩咖啡机，用的可能是那种从麝香猫肠子里走过一遭的精品咖啡粉。我如果把咖啡更当回事儿，那么就会在简单的咖啡粉与水的比值之外，再增加一些变量来研究。我可以不买咖啡粉，改买咖啡豆自己磨，调整颗粒的粗细。我也可以调整咖啡萃取的时间，或者调整水温。

咖啡含有的成分超过 1800 种，化学性质非常复杂。在热水与咖啡粉的相互作用中，有些成分比其他成分溶解得更快。如果萃取时间不足，做出来的咖啡不但味道更淡，还因为里面有更多溶解较快的成分而味道偏酸。如果萃取时间过长，咖啡里就会有更多溶解较慢的成分，它们的味道更苦，令人难以下咽。只有萃取时间不长不短，酸味与苦味才能恰到好处地融合成美味咖啡所特有的那种丝滑香浓的焦糖味。

咖啡粉颗粒的粗细也能影响口感。咖啡粉磨得越细，其萃取过程就越快。怎样能次次都能做出一杯好喝的咖啡，这是利莫瑞克大学（University of Limerick）的数学家们一直在研究的课题。他们把做咖啡的全过程，通过数学建模变成了一个方程组，萃取方式、烘焙方式、与水的相互作用等都被考虑在内。借助这一复杂的数学模型，他们可以测试不同咖啡的口感，还不用真的去煮咖啡。

就是他们，做出了一个有关咖啡粉颗粒粗细的重要发现。许多咖啡馆都把咖啡粉磨得特别细。这种细粉很适合意式浓缩咖啡机使用，其原理就是用高压，将非常热（但还没有到沸点）的水压过咖啡粉，这样做出的咖啡味道非常浓烈。但是根据那个数学模型的演算，如果咖啡粉磨得过细，颗粒会发生抱团，表现得反倒像是粗颗粒，因而减少了咖啡粉的溶解量。解决办法就是把咖啡粉磨得稍微粗一点。这样一来，咖啡口感会更好，咖啡馆的咖啡豆消耗量会降低，咖啡行业对环境的冲击也会减少，可谓一举三得。

咖啡入口，神力我有

喝咖啡能让你感觉自己像个超级英雄，但要是想真的——我是说真的——靠咖啡给某种神力提供能量，那你到底要喝多少咖啡才行呢？

咖啡中的咖啡因能够刺激你的中枢神经，并产生多种积极的效果，这一点不用去看什么漫画书你就会知道。这种刺激会让你的身体进入"或战或逃"的兴奋状态，把肾上腺素释放到血液里。这种激素能提高你的心率和血压，扩张肺泡，扩散瞳孔以增加光线射入量，将更多血液输送给身体的主要肌肉群。

这完全等于让你变身成了超级英雄。

咖啡因还能够干扰大脑与腺苷（adenosine）的相互作用。腺苷能降低神经系统的活跃度。醒着的时候，腺苷会在大脑中不断积累。大脑探测到的腺苷越多，你就会觉得越困。咖啡因会让你的大脑停止探测腺苷，让你更清醒，更精神，以更好的状态解决数学难题。

总之，咖啡能让你变得超级敏捷，超级聪明，反应超级快，力量超级大。但我在这里真正想谈的，是那种正儿八经的超级技能——比如激光眼！

一个普通的手电筒，射出的光线含有多种不同的波长（在我们看来就是颜色不同），这使得光柱是向外散开的，而且光柱较粗。但对于激光来说，光线的波长单一，方向一致，且光柱极细。用这东西照你家的猫，绝对能让它"猫急跳墙"。光本身是能量的一种形式，所以高能激光可以用来烧灼或切割物体。眼部激光手术就是利用这个原理，将激光射进眼球里来进行非常细微的切割。但我说的激光眼，不是激光射我，是我射激光！

让我们想象这么一个故事。有一位数学超级英雄叫"证毕侠"（QED）[⊖]，他的小弟"平方根"（Square Root）落入了大反派"全靠猜"（the Guesser）的魔爪，他现在必须前去营救。全

⊖ QED（quod erat demonstrandum），常出现在数学证明末尾，表示证明完毕（证毕）。——编者注

靠猜的老巢是一座火山，平方根被困在那里的一个钢铁盒子里，盒子就吊在一口岩浆池上方。证毕侠只有用自己的激光眼才能救他出来。

激光的功率以瓦为单位。一个可以对付钢铁的激光切割机，功率大约是 5000 瓦。功率能够反映能量的转换，功率为 1 瓦代表一个东西在 1 秒内能把 1 焦的能量从一种形式转化成另一种形式。也就是说，证毕侠的激光眼要想能切割钢铁，每秒钟必须要能把 5000 焦的光能转化成热能。那焦又是什么呢？焦是焦耳的简称，是能量和做功的国际单位，最初用来衡量电路中的电流产生的热量。

假设证毕侠要花 30 秒才能在盒子上切出一个足够大的洞，把小弟平方根救出来。这意味着，他的激光眼需要 30×5000 焦 = 150000 焦，即 150 千焦的能量。要喝多少咖啡才能获得这些能量呢？一般来说，一杯 100 毫升的黑咖啡有 5 大卡的能量。在生活中，我们常用卡路里（卡）和大卡（千卡）来衡量食物里包含的能量（热量），1 大卡 = 1000 卡 ≈ 4186 焦。所以，一杯 5 大卡的黑咖啡，就有 5×4186 焦 = 20930 焦的能量。为了得到 150000 焦的能量，我们就得喝掉 150000 焦 ÷20930 焦 / 杯 ≈ 7.17 杯黑咖啡。

这个量的咖啡可有点儿多了，证毕侠也不希望自己一会儿和大反派对决的时候，身体会控制不住地发抖。往咖啡里加点奶怎么样？我冰箱里就有全脂牛奶，它的能量扫一眼营养成分表就能知道，是每 100 毫升含有 276000 焦的能量。这能量大约是 100 毫升黑咖啡的 10 倍！所以如果往黑咖啡里加 20 毫升牛奶，就等于增加了 276000 焦 ÷ 5 = 55200 焦的能量。那么每杯咖啡的能量就变成了 55200 焦 + 20930 焦 = 76130 焦。为了凑足 150000 焦，证毕侠只需要喝 150000 焦 ÷ 76130 焦 / 杯 ≈ 1.97 杯咖啡。这个量，身体应付起来就容易多了。

如果证毕侠想为这一天之后的行动多攒一些激光能，那么就可以再往咖啡里加糖。一杯咖啡加两勺红糖，两杯咖啡就能增加 60 大卡，也就是 60 × 4186 焦 = 251160 焦的能量。这种加了奶和糖的咖啡，两杯的总能量就是 2 × 76130 焦 + 251160 焦 = 403420 焦。用这个数除以激光眼的功率，得出激光眼可以连续喷射 403420 焦 ÷ 5000 焦 / 秒 ≈ 80.7 秒。全靠猜，接招吧！

咖啡转化器

相传，匈牙利数学家阿尔弗莱德·雷尼（Alfréd Rényi）与保罗·厄多斯（Paul Erdős）曾说过这样一句话：

数学家就是把咖啡转化成定理的机器。

这两位数学家喝掉的咖啡非常多，推导出来的定理也非常多。可见，你要是觉得数学有点难懂，做题前不妨也来一杯咖啡。

第二章　浴室歌神

　　喝完了急需的咖啡，我的意识基本上恢复到了正常人类水平，接下来我打算去冲个澡。人类天性爱水：我们愿意挨着大海、河流和湖泊生存，也愿意单纯为了住在水边而多花钱；我们喜欢在游泳池里泼来泼去，在溪水中蹚来蹚去，在公园的喷泉间跑来跑去（不过，这事儿大人最好别干）。至今没有人能完全搞清楚为什么我们这么爱水，各种理论都有，有的说人类是从会游泳的猿猴进化来的，有的说水能让我们想起在子宫里的那份安全与温暖。

水真怪

大部分液体在结冰或凝固时会收缩，体积会变小。但水是特例。水结成冰后体积反而会增大——所以水管在寒冷地区容易爆裂。既然冰的体积比同等质量的水更大，所以其密度自然比水小，因此冰会浮在水面上。这一点非常非常重要，绝不只是让你能往鸡尾酒里加冰块那么简单。我们知道，地球上的生命起源于海洋，并且地球经历过多个冰期。正是因为冰能浮在水面上，冰层才能把寒冷挡在外面，让下面的水仍保持液态，让里面的生命得以存活。如果冰会下沉，海床上的生命首先会迎来灭顶之灾，整个海洋最终也会冻结。

水的另一个奇特之处就是表面张力超乎寻常的大。所谓表面张力，就是液体表面"皮肤"里存在的一种力。分子由于正负电荷不均衡会产生极性，因而就会彼此吸引。在液体内部，分子受到来自四面八方的吸引力，它们的相互作用被抵消掉了。但是在液体表面，分子缺少向外的吸引力，所以会被里面的分子向内拉。这种向内的拉力就产生了表面张力，其大小与液体成分有关。水的表面张力就非常大，在所有物质中仅次于水银——这种液体金属的古怪程度与水不相上下。正因为有这么大的表面张力，即使是密度比水大的小东西，只要小心翼翼地放在水面上，它们就能浮起来。你上学时做的回形针漂浮实验，划蝽、水黾等虫子在水面上站立和滑行，利用的都是这一原理。

球真小

由于表面张力，水在下落时会自动缩成球形。之前讲过，水的表面会受到来自内部的拉力，这使得水珠的表面积会尽可能缩小。请问，在同样的体积下，什么形状的物体表面积最小？我们先拿边长 1 厘米的立方体举个例子，因为它的体积和表面积特别容易计算。

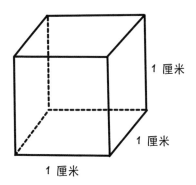

这个立方体边长为 1 厘米，体积就是 1 厘米^3。它的表面积是六个面面积的总和，每个面都是 1 厘米^2，加在一起就是 6 厘米^2。

我们再拿它和面更少的物体比比看。比如下面这个以正三角形为底的金字塔，术语叫正四面体（tetrahedron），它一共有四个正三角形的面。

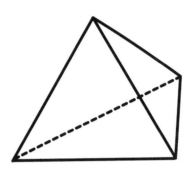

如果它的体积还是 1 厘米 ^{3}，那么表面积就是 7.21 厘米 ^{2}，明显大于上面的立方体。

这是为了说明，同等体积下，一个物体的面越少，表面积就越大。反过来说，我让一个物体的面增多，其表面积就会减小。接下来，让我们跳过正六面体，直接看看正二十面体（regular icosahedron）的表面积。

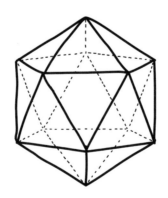

正二十面体和正四面体一样，每一面都是一个正三角形。一个体积为 1 厘米 ^{3} 的正二十面体，表面积算出来是 5.15 厘米 ^{2}。比我们想象中的结果还要小。

虽然在数学上不够严谨，但从上面的数据可以看出，在体积不变的情况下，一个物体的面越多，表面积越小，反之亦然。当物体多于 20 个面时，每个面不再可能是完全相同的形状。比如我们常见的足球，有 32 个面，包含 12 个正五边形面和 20 个正六边形面。这样的形状在几何上称为"截角二十面体"（truncated icosahedron）。

我们让一个物体的面数不断增加，面数越多，它看起来就越圆。当它的面数趋于无穷时，就变成了一个球：

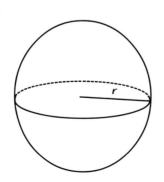

球的表面并没有平的地方，但我们还是可以算出它的表面积。球的体积是：

$$V = \frac{4\pi r^3}{3}$$

这个公式里，r 是球的半径，也就是球心到球面的距离。对于 π（读作"派"），你在上学时肯定见过，只要计算和圆相关的东西总少不得它，它是一个圆的周长（绕圆一周的长度）与直径（连接圆周上两点且通过圆心的线段）长度的比值。

将体积公式稍加变形得到：

$$r = \sqrt[3]{\frac{3V}{4\pi}}$$

如果球的体积还是 1 厘米^3，那么可以算出球的半径为 0.62 厘米。球的表面积公式为：

$$S = 4\pi r^2$$

把半径的数值代入这个公式，就可以算出球的表面积为 4.84 厘米^2，比同体积下正二十面体的表面积还要小。

"骗人"的泪珠

不管是淋浴时的水滴，还是云里落下的雨滴，由于下落时速度一般都很快，所以看起来是一条线。对于单独落下的水滴，可能很多人都以为是那种上尖下圆的泪珠形。但事实上，水滴在下落时会受到空气阻力的托举，所以看起来是小面包那种扁圆形，而不是经典的泪珠形。

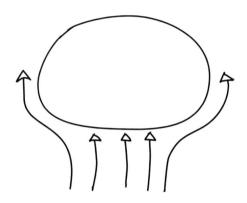

如果水滴足够大的话，空气阻力会把这个扁圆形挤压成类似降落伞的形状，并最终把它破开。所以，下雨时落下来的雨滴，直径都不会超过 4 毫米，并且它们的速度也不会一直大下去。雨滴一方面被重力向下拉，另一方面被空气阻力向上推。随着雨滴速度的增加，空气阻力也会增加。当空气阻力与重力相等时，雨滴就达到了极限速度，这个速度通常是 9 米 / 秒。

随心所"浴"

不过，淋浴时的水滴是从花洒里喷出来的，而不是从云朵里掉下来的。而且我用的是节水型淋浴器，出水量大概是 9 升 / 分。我还可以通过调节花洒的模式改变出水孔的大小和数量。

所以我很想弄清楚淋浴喷出的水的速度到底有多快。我们还是把问题简单化，假设我用的是一种非常简陋的花洒，只有一个出水孔，出水量是 9 升 / 分，以此为条件，我们就能算出水速。

假设出水孔是直径 1 厘米的圆形，那么 1 分钟就有 9 升水从这个孔中喷出。我们可以把 9 升水想象成一个直径 1 厘米的圆柱体。圆柱体体积公式为：

$$V = \pi r^2 h$$

在这个公式里，r 代表圆柱体的底面半径，h 代表圆柱体的高度。体积是 9 升，也就是 9000 厘米 ^{3}，半径是 0.5 厘米（直径的一半），代入后得到：

$$9000 = \pi \times 0.5^2 \times h$$

$$h = \frac{9000}{\pi \times 0.5^2} \approx 11459 （厘米）$$

也就是说，这个圆柱体的高度将近 114.6 米。尽管水柱长得很夸张，但不妨碍我们计算水速。既然 114.6 米高的水柱在 1 分钟里喷出花洒，水速自然是 114.6 米 / 分，也就是 1.9 米 / 秒。与雨滴一般能达到 9 米 / 秒的速度相比，这个速度明显要慢很多。为了写这本数学书，我苦哈哈地狂敲键盘，搞得肩背酸痛，想靠一场淋浴松快松快，就这点水速实在不够劲，因此必须要减少出水孔的直径。假设我选择直径 1 毫米的出水孔，重复刚才的计算，水速可以达到 190 米 / 秒，相当于声速的一半多。啧，这回又有点太猛了。

而且，不管我怎么调节出水孔的大小，实际喷出来的水速并非始终保持我所计算的速度，而是很快就会发生变化。水滴一旦喷进空气里，空气就会给它减速，会将水滴碎开散开。小孔喷水速度高，从而形成针一样的水线，大孔喷水速度慢，形成更粗的水柱。

另外，喷出来的水会把一部分速度传给淋浴间里的空气，这会让淋浴间里面的气压比外面低 [一]。要是你在浴室里挂浴帘的话，内外气压差就会把浴帘往里吸，碰到身上又黏又凉，搁谁都难受。

浴室歌神

湿冷的浴帘一沾身，就会让我一激灵，不过正在飙的那个高音一借劲也就上去了。要知道，洗澡的时候，我举着浴刷当麦克，两眼一闭，小曲一哼，听起来绝对不比泰勒·斯威夫特 [二]差。但如果喝几杯酒之后真的去 KTV 唱，听起来就远没有在浴室里那么好了。这背后有没有什么数学能解释的原因呢？

这个答案和常见浴室的传声效果有关。除了浴帘，大多数浴室四周都是瓷砖，或者其他防水材料，它们反射声音的效果很好。所以声波会在浴室里弹来弹去，形成多次回声，从不同的角度传到你的耳朵里。

[一] 根据伯努利原理，流体（如水和空气）流速越快，压强越低。——编者注

[二] 泰勒·斯威夫特（Taylor Swift），美国女歌手，获得众多音乐奖项，受到全球广大歌迷喜爱。

我这边正在唱《*Shake It Off*》[一]，声音则以 340 米 / 秒左右的速度从我嘴里喷出。这个声音通过空气传到我的耳朵里，用时非常非常短——如果考虑声音直接从我身体里传到耳中，那时间还要更短，因为声音在人体内的传播速度更快（在这里我们可以忽略不计）。

此外，还有一部分声音先传到浴室墙壁，再反弹到我耳中，也就是上图左边那条路线。这道声音到我耳中，要比之前的声音稍晚一点。晚多少呢？墙壁离我的耳朵大约 0.5 米，那么这道声音一去一回就要传播 1 米。

你应该记得这个公式：

$$速度 = 距离 \div 时间$$

[一] 由泰勒·斯威夫特演唱的流行歌曲。

可以将它变形成：

$$时间 = 距离 \div 速度$$

所以这道反弹一次的声音，入耳时间为 1 米 $\div$ 340 米 / 秒 $\approx$ 0.003 秒，即 3 毫秒。

而图中右边显示的声音路线，反射了好几次才到我耳朵那里，算起来一共传播了 3 米左右，所以它的入耳时间是左边那道声音的三倍，大约 9 毫秒。

声音会向所有方向传播，所以反射入耳的路线就有许多种长度。这些回声叠加在一起，就会产生音响师特意追求的所谓"混响"效果（reverb）。回音能掩盖住你的颤音，也能平衡掉走调的地方，所以能让你的声音整体上听起来更圆润。而且，回音也能给你一种错觉，你仿佛不是在自家发霉的浴室里对着小黄鸭唱，而是在某个规模宏大、高端时尚的场馆里，唱着自己最喜欢的歌，把听众唱得如痴如醉……

此外，共振（resonance）现象也在发挥作用。声音实际是一种振动，物体也能振动。一个物体虽然可以以不同的频率振动，但只有一个频率是它最善于发出的。这个频率叫共振频率，具体大小与振动物体的几何特性和材料构成有关。巧合的是，淋浴间的共振频率恰好处在人类的低音音域。简单地说，洗澡时唱歌，能强化你的低音部分，使之听起来更饱满更厚重，哪怕是挑战《*Livin' On A Prayer*》〇 中途的那个变调，你也可以游刃有余。

〇 Bon Jovi 乐队的代表作，发表于 1986 年。

四元素说

我们现在都知道，世界是由上百种化学元素构成的，也就是元素周期表里的那些，但古人认为世界是由火、土、气、水四种元素构成的。古希腊数学家柏拉图（Plato）认为这四种元素各具形态，但都是各边等长的正多面体——这些几何体如今被称作"柏拉图立体"（Platonic solids）。火元素的形态是正四面体，四个尖角看着就很扎手；土元素为正六面体（也就是正方体），四平八稳，这种形状可以堆叠在一起；气元素为正八面体，可以看成是两个金字塔背靠背并在一起，给人一种流动感；水元素为正二十面体，接近球形，很像是水珠。柏拉图立体中还包括一个正十二面体，它的每面都是正五边形，代表着整个宇宙。

第三章　燃脂之战

　　不管是享受体育运动，还是为了身体健康，我们所有人都需要进行不同程度的身体锻炼。各种体育赛事盛行，而参与其中的职业运动员总是想尽可能地扩大自己的优势，运动科学现如今成为热门研究领域。最优秀的运动科学家都是人体生理学方面的专家，不少职业队或国家队都肯花大价钱把他们请过来帮助自己赢得奖杯奖牌。

　　和其他科学一样，运动科学也有一大堆公式和方程，其作用是让训练更高效，更有针对性。这一章我们会选择其中一些进行研究，分析它们是如何起作用的。另外，随着心率监测仪和运动手环这种科技新产品的出现，心率区和基础代谢率这样的概念也需要我们从数学的角度做出一番解释。

身体质量指数

运动科学让我们今天许多人都熟悉了"身体质量指数"（Body Mass Index）这个概念。身体质量指数简称 BMI，能够反映你的体重对于你的身高来说是否合适。计算 BMI 要用到下面这个公式：

$$BMI = \frac{体重}{身高^2}$$

其中，体重要以千克计算，身高以米计算。拿我做例子，我的身高是 1.9 米，体重 90 千克，那么我用 $90 \div 1.9^2$，得出我的 BMI 大约是 24.9。

数算好了，但这个数有什么意义呢？一个健康的人，BMI 应该在 18~25 之间，我勉强符合，还是挺幸运的。身体质量指数这个术语是由美国生理学家安塞尔·基茨（Ancel Keys，1904—2004）发明的，但他同时也强调，这个指数只适用于分析一个群体，对于个人来说并不总是很适用。而且，这个指数只对成年人有效，可即便如此，也没有将成年人的身体成分构成考虑在内。比如一个叫奥雷克西·诺维科夫（Oleksei Novikov）的乌克兰人，2020 年获得世界大力士赛冠军，他的身高是 1.85 米，不算特别高，体重却足足有 135 千克。这样算来，他的 BMI 超过 39，这貌似已经胖出毛病来了，可事实上，人家并不胖，而是浑身腱子肉。

肌肉的密度要比脂肪大，所以肌肉发达的人，BMI 也会很高。

等你算过了自己的 BMI，可能会觉得自己最好多做些运动，或者多盯着点儿自己的热量摄入。

降低热量摄入

根据英国国家医疗服务体系的推荐，一个人每日的卡路里摄入量，女性是 2000 大卡，男性是 2500 大卡。然而这两个数只是非常泛泛的参考值，并不适用于每个人。要是你从事的是重体力劳动，想要维持体重就得摄入这个量的两倍。

研究者发现，一个人需要多少卡路里，除了与生活方式有关，还涉及性别、体重、身高和年龄这几个关键因素。根据米福林公式，我们可以算出每天需要的基本卡路里值，术语叫基础代谢率（Basal Metabolic Rate，简称 BMR）。

女性 BMR（大卡 / 天）= 体重（千克）× 10 + 身高（厘米）× 6.25 – 年龄（岁）× 5 – 161

男性 BMR（大卡 / 天）= 体重（千克）× 10 + 身高（厘米）× 6.25 – 年龄（岁）× 5 + 5

还是用我自己当例子：我的 BMR 是 $90 \times 10 + 190 \times 6.25 - 43 \times 5 + 5 \approx 1878$。这个意思是说，我一天躺在床上什么都不干的话，要想保证身体正常运转，就需要摄入 1878 大卡的能量。但我们还得起来活动，要算出每天正常情况下需要的全部卡路里，还要用 BMR 乘以一个反映我们生活方式的指数。如果你一天完全没有体力活动，这个指数就是 1.2；如果你是职业运动员或者体力劳动者，这个指数就会在 2 以上。我一天得遛狗，得带孩子去游泳，咱往高了算，把这个指数定在 1.4，那么我每日所需的卡路里就是 1878 大卡 × 1.4 ≈ 2629 大卡。和男性 2500 大卡这个推荐值相比，差距不算大。当然，我每天是不是真的吃进去这么多能量可就另当别论了。看我的 BMI 已经无限逼近 25 了，这说明我吃进去的很可能比需要的多。

要是我打算单纯靠节食来减肥，每天吃的不超过 2629 大卡就可以。比方说我的目标是减掉 5 千克，那该是怎么个吃法呢？对了，我真正想要的是减掉 5 千克的脂肪。纯脂肪每克大约包含 9 大卡的热量，但体脂并不是纯脂肪，每克的热量大约是 7.7 大卡，所以 5 千克体脂的热量为 5000 × 7.7 大卡 = 38500 大卡。假设我每天减少 500 大卡的热量摄入（这也是业内人士一般推荐的量），减掉 5 千克就需要 38500 大卡 ÷ 500 大卡 / 天 = 77 天。不幸的是，体重的减轻会让身体储存卡路里的效率变高，所以实际所需时间很可能要比这个久。总之，每天摄入 2129 大卡，坚持三个月左右就能减重 5 千克。

燃烧你的卡路里

除了少吃，你的另一个选择是多动，借此消耗更多的卡路里。一般来说，运动越激烈，消耗的卡路里就越多。走路的话，每分钟大约能消耗 4 大卡。所以要靠走路减掉 5 千克，就要走 38500 大卡 ÷ 4 大卡 / 分 = 9625 分。这大概等于 160 小时。之前说单靠节食减肥要三个月，如果单靠走路在三个月内达到同样的效果，每天大约要多走 1 小时 47 分钟。

跑步的话，每分钟大约能消耗 13 大卡，是走路的 3 倍多。所以跑步减肥需要跑 38500 大卡 ÷ 13 大卡 / 分 ≈ 2962 分，想三个月减掉 5 千克，平均每天要多跑 33 分钟。

不管我选择哪种运动，都需要在运动强度和运动时间之间做出权衡。运动强度的测量，通常是用你在运动期间的心率除以你理论上的最大心率，用百分比来表示。

计算最大心率的公式很简单：

$$最大心率 = 220 - 年龄（岁）$$

所以我的最大心率就是 220 - 43 = 177，也就是每分钟跳 177 下，大约每秒 3 下。显然，可不是哪个 43 岁的人都是如此，但应该也差不了太多。如果你身体健康，习惯高强度运动，你可以借助运动手环的监测，尽可能长地在锻炼中保持最大心率，但这么做对大多数人来说非常难受，甚至是非常危险。

因此，大多数健身计划都会用心率区间（Heart Rate Zone）这个概念来划分锻炼方式的不同强度。如果是为了减肥，锻炼时的心率应该足够大，以便能快速燃脂，但也不能大到无法长时间坚持的程度。对于大多数人来说，这种锻炼的强度在 60%~70% 的心率区间。以我为例：

$$60\%：0.6 \times 177 = 106.2$$

$$70\%：0.7 \times 177 = 123.9$$

也就是说，如果我能在锻炼中把心跳控制在每分钟 106~124

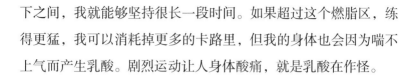

下之间，我就能够坚持很长一段时间。如果超过这个燃脂区，练得更猛，我可以消耗掉更多的卡路里，但我的身体也会因为喘不上气而产生乳酸。剧烈运动让人身体酸痛，就是乳酸在作怪。

盯紧体重

完成了这样的健身计划后，我的 BMI 发生了什么变化呢？此时这个"苗条"的我，体重 85 千克，BMI 变成了 $85 \div 1.9^2 \approx 23.5$。现在我的 BMR 是 $85 \times 10 + 190 \times 6.25 - 43 \times 5 + 5 \approx 1828$。健身计划也把我的生活方式指数提高到了 1.5，所以我每天摄入 $1828 \times 1.5 = 2742$ 大卡的热量，就能保持这个新身材。

让脑力流动起来！

像血液这样的黏性液体的流动遵循纳维 – 斯托克斯方程（The Navier–Stokes equations），简称 N–S 方程。它首先由法国工程师克劳德 – 路易·纳维（Claude–Louis Navier）和英国物理学家乔治·斯托克斯（George Stokes）在 19 世纪提出。N–S 方程反映了黏性流体流动的基本力学规律，在流体力学、气象学、海洋学、航空航天工程等领域都有广泛的应用。

N-S 方程是一个非线性偏微分方程，方程解的存在性与光滑性问题是美国克雷数学研究所设定的七个千禧年大奖难题之一。要是你能解决这个问题，将会获得 100 万美元的奖励！

第二部分

奔驰在路上

起床、醒神、运动，

看来你已经准备好了，

以迎接新的上班的一天。

那就出发吧，

看行程里藏着什么数学知识——

你可以骑自行车、驾驶汽车，

甚至乘坐超声速火箭！

第四章　骑行风潮

　　骑车能节约通勤成本，能锻炼身体，甚至能作为一种职业，总之是一种美妙的、环保的出行方式。随着自行车专用道、共享街道等设施的完善，你常常可以借此避开交通拥堵，省去停车费。

　　骑行的数学知识其实就是圆的知识。轮子也好，齿轮也好，曲柄也好，都能把圆周运动转变为直线运动，把你带到你想去的地方。

脑筋转起来

许多自行车都有多个变速齿轮，方便你爬坡，但就算没有，骑车也比步行要快很多，轻松很多。变速齿轮的出现让自行车变得更复杂、更重、更贵。在 19 世纪中叶的维多利亚时代，还没有人想到要往自行车上安装齿轮，所以那时候的自行车，脚蹬是直接连在前轮上的。言外之意，脚蹬转一圈，轮子也是转一圈。

对于今天大多数人来说，骑车时每秒蹬一圈，强度不大，骑行速度还很快。我骑的公路车，车轮直径 70 厘米。利用这个数，我可以算出我的骑行速度。

车轮的周长是：

$$周长 = \pi \times 直径$$
$$= \pi \times 0.7$$
$$\approx 2.2（米）$$

假设我骑的就是维多利亚时代的那种车——我每秒蹬一圈，车轮也转一圈，那么我的骑行速度就是 2.2 米 / 秒。利用下面的式子，可以将其单位换算成我们更熟悉的"千米 / 时"：

$$2.2 \times 60 = 132（米 / 分）$$
$$132 \times 60 = 7920（米 / 时）$$
$$7920 \div 1000 = 7.920（千米 / 时）$$

这个速度不怎么快——大约等于 5 迈 [○]，而不紧不慢的步行

○ 迈是英制速度单位，1 迈 = 1 英里 / 时 = 1.6 千米 / 时。——编者注

速度都有 5 千米 / 时。观察上面三步，为了把米 / 秒换算成千米 / 时，我两次乘以 60，又除以 1000，所以可以把三步并成一步：

$$60 \times 60 \div 1000 = 3.6$$

也就是说，把米 / 秒的数值直接乘以 3.6，就能换算成千米 / 时。回归正题：如果我想骑得更快，最简单的办法自然是蹬得更快。职业自行车手一般可以做到每分钟蹬 100 圈，也就是每秒钟能蹬 $100 \div 60 \approx 1.67$ 圈。那么他们的骑行速度就是：

$$2.2 \times 1.67 = 3.674 （米 / 秒）$$

$$3.674 \times 3.6 \approx 13.23 （千米 / 时）$$

这速度可快了不少，但普通的自行车通勤族可能希望达到 20 千米 / 时的速度，这样一来每分钟要蹬 150 圈，那要累坏了。我不想蹬那么快，有没有办法能让我骑得快呢？

维多利亚时代的人为了解决这个问题，想出的办法是把前轮做得比后轮大很多。这种"大小轮自行车"（Penny Farthing）今天看来非常独特，样子也很吓人。它的前轮直径大约 130 厘米，周长就是 $\pi \times 1.3$ 米 ≈ 4.08 米。同样是蹬一圈，我现在能比之前多出将近一倍的距离。还是用 20 千米 / 时作标准，20 千米 / 时大约等于 5.56 米 / 秒，而 $5.56 \div 4.08 \approx 1.36$，也就是我每秒钟要蹬 1.36 圈，每分钟大约 80 圈。这个蹬法比每分钟 60 圈要稍微累一些，但至少没有猛到奥林匹克计时赛的地步。

幸运的是，到了 19 世纪末，有人发明了我们今天熟悉的自行车。因为骑上这种车随时可以伸脚够到地，骑起来很安全，人们便称之为"安全自行车"（safety bicycle）。这种车的脚蹬连在一个齿轮上，术语叫前链轮（牙盘），这个链轮通过链条连接后面一个链轮，后链轮（飞轮）则固定在后轮的轮轴上。通过这种结构，你就可以改变脚蹬与车轮的转速比。

之前说了，没有齿轮的自行车，20 千米 / 时的通勤速度需要我每分钟蹬 150 圈。但现在有了齿轮，我让前链轮的齿数比后链轮的齿数多一倍，那么我蹬一圈，后轮就会转两圈，所以我每分钟只要蹬 75 圈就行。所以前后齿数的比值，即齿比，也就是脚蹬与车轮的圈数比。此处说的自行车，齿比是 1：2；那款大小轮自行车，齿比始终是 1：1。

大轮不停转

1876 年举办的利明顿温泉镇自行车展（Leamington Spa Cycle Show）见证了一只"巨兽"的诞生。英国自行车先驱詹姆斯·斯塔利（James Starley）利用自己新发明的辐条设计，打造了一辆"大小轮自行车"，并兴冲冲地拿到车展上展示。这辆车的前轮直径足有 78 英寸，接近两米，不过得益于脚踏板位置的巧妙设计，连詹姆斯的儿子都能把它骑起来。

"圆"来这么难

今天的自行车，一般都有多套前后链轮可选，可以让你根据自己的蹬车习惯、所需速度和骑行地形找到完美的组合。

新款的公路车通常有两个前链轮，齿数分别是 50 和 34。后链轮数量较多，形成"齿轮组"，齿数从 11 到 28 不等。如果前面调到 50，后面调到 11，齿比就将近 1：5，这个组合非常适合在下坡路上飞驰。反过来，前面 34，后面 28，齿比将近 1：1，特别适合上坡路。

齿比之间很难作比较，假设一个为 50：22，另一个为 34：15，你说哪个蹬起来更费劲？一眼可比不出来。所以，自行车手交流时，常会说一辆自行车蹬一圈能走多远。我们用下面这个公式就能算出来：

$$\frac{\text{前齿数}}{\text{后齿数}} \times \text{车轮周长}$$

所以，齿比为 50：22、车轮周长为 2.2 米的公路车，蹬一圈能走：

$$\frac{50}{22} \times 2.2 = 5（\text{米}）$$

相同车轮周长的情况下，齿比为 34：15 的车，蹬一圈则能走：

$$\frac{34}{15} \times 2.2 \approx 4.99（\text{米}）$$

这个数值越大，骑起来越费力。这两辆车相比的话，半斤八两。

突破速度极限

2018 年 9 月，美国自行车手丹尼斯·穆勒 – 科莱内克（Denise Mueller-Korenek）以 296 千米 / 时的成绩创造了自行车速度的新纪录。她当时骑的是一辆经过改装的直线竞速赛车，配有一个很大的挡风罩。这辆自行车用的是 17 英寸的摩托车车轮，安装了两套齿轮系统：第一套用 60 齿前链轮连接 13 齿后链轮，第二套用 60 齿前链轮连接 12 齿后链轮，第一套的后链轮与第二套的前链轮共用一轴，第二套的后链轮连接后轮轮轴。两套齿轮系统加在一起，力气有多大呢？

因为两套系统首尾相接，所以把两个齿比乘在一起就能得到真正的齿比。而 17 英寸说的是轮毂直径，车胎本身至少有 1 英寸厚，两边一加，一个车轮的直径差不多是 19 英寸。最后，把英寸换算成米，1 英寸 ≈ 0.0254 米。所以这辆车蹬一圈，能往前走：

$$\frac{60}{13} \times \frac{60}{12} \times \pi \times 19 \times 0.0254 \approx 34.99（米）$$

骑这样的车，那是相当费力，但想骑那么快，就得那么费力。

车轱辘话转圈说

自行车最有意思的一个地方，就是它竟然能骑起来不倒。中学生放学后边骑车边说话还不会摔跤，这似乎说明自行车本身就不容易倒。事实上，实验已经证明，一辆质量过硬的自行车，只要用力一推，就可以滑行很远。滑行的时候哪怕你横着推它，它也不会倒。

自行车能保持直立，或者说能做到稳定不倒，这里面涉及不少因素。最开始，人们觉得这是车轮转动所产生的"回转效应"（gyroscopic effect）。简单地说，一个物体在旋转时会产生"回转力"，这时如果你想让它倾斜，需要的力就要比不旋转的时候更大。后来，有实验人员制作了一种特殊的自行车，带有反向旋转的部件抵消了回转效应，但这种自行车还是不易倒，那是否还存在其他因素呢？

使自行车保持稳定的另一个重要因素就是"脚轮效应"（castor effect）。只要你曾经试过把自行车推倒，你肯定注意过这个现象：如果你往左推它，车的前轮会自动地向左扭。也就是说，自行车往哪边倾斜，前轮就会自动地扭过去，让它恢复平衡，但前轮的方向也因此发生了变化。所以，控制自行车方向，主要是靠车身的倾斜，而扭动车把只是为了让车身发生倾斜。

全球自行车产业的市场规模大约400亿英镑，所以，给自行车的操控建立数学模型对于自行车制造商来说非常重要。这一模型也有助于人们理解任何一样东西——包括行走时的人或机器人——到底是怎么做到不倒的。所以，不管此刻的你是正在室内赛道上飞驰，还是骑着车去上班，抑或是教孩子学骑车，请记住一件事：是数学让你保持着平衡。

第五章　应对路怒症

　　许多人上下班都开车。在一个热闹的城镇里开车似乎会让你的命运被"交通神"攥在手心里——尤其是当你只能看到车窗外那一点点景色时。要是交通神肯眷顾，你就可以一路畅通地到达单位，不用一步一停，没有什么道路施工，遇不上那种莫名其妙的堵车。要是交通神不悦，也许在三条车道并作一条的地方就能堵到天荒地老，到了单位是生气又憋屈。

　　有关交通流量的数学研究属于比较成熟的领域，目前已积累了一大堆复杂的定理和方程用以预测某个特定状况下的交通表现。20 世纪 20 年代，随着汽车变得更为普及，这方面的研究就开始了。一百年后的今天，公路网上的客流与物流已在国家经济中扮演着重要角色。规划并保持良好的交通流量是一件严肃的事情。

加油也有讲究

开车有很多必须要做的事情，加油就是其中之一。随着混动车、电动车越来越普及，在家充电也是可以的，但我们大多数人还是不得不定期往加油站跑。

你是喜欢每次只加几升油、油表总是显示红色，还是喜欢带着满箱油跑、知道自己随时都可以迎着夕阳驶向天边呢？重要的问题是，怎么加油能省钱？

满箱油意味着车更重，而东西越重，想让它加速，力就得越大。假设车的油耗与其质量成正比，我们可以先算出油的质量在全车质量中所占的百分比，再看看怎么加油更省钱。为了获得必要的信息数据，我找来了我自己那辆车的官方使用手册。

这份手册的背后写满了令人激动的数据，从发动机扭矩到蓄电池充电参数，什么都有。从上面看，我的这辆车重 1500 千克，油箱容量 45 升。但 45 升汽油有多重呢？

汽油的密度差不多是 750 千克 / 米³，也就是每立方米汽油重 750 千克。但这个单位没法直接用升计算油重，必须要先换算。我们知道 1 毫升等于 1 厘米³，所以如果我能算出 1 米³ 等于多少厘米³，就容易再换算成升了。

既然 100 厘米等于 1 米，那么 100 厘米^3（cm^3）岂不就是 1 米^3（m^3）? 随便画几笔就能发现，1 米^{3}可绝对要比 100 厘米^{3}大。

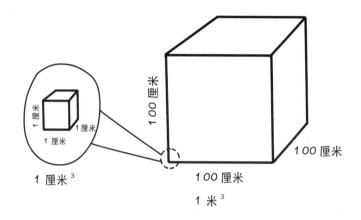

1 米^{3}的方块，每条边都有 100 厘米长。正方体体积就是边长的立方，所以有：

$$100^3 = 100 \times 100 \times 100 = 1000000$$

好家伙！1 米^{3}等于 1000000 厘米^3！1 升等于 1000 毫升，也就是 1000 厘米^3，这样算来就等于 0.001 米^3。

这下好办了。我的一箱油有 45 升，换算过来就是 0.045 米^3，质量等于密度乘体积，也就是 750 千克 / 米^3 × 0.045 米^3 = 33.75 千克。想算出油重占车重的百分比，我们把两者相除，再乘以 100% 就可以，也就是：

$$\frac{33.75}{1500} \times 100\% = 2.25\%$$

你看，就算是满箱油，质量占比也才这么小一个数。加油加得少，根本省不了多少钱，反倒是跑加油站的次数变多了，也就等于多开了一些路。小型车一箱油才 34 千克不到，相比之下，多拉几名乘客对油耗的影响要大很多。

幽灵堵车

只要你在快速路上开过车，对于下面这种情况肯定不陌生：开着开着，眼前一片刹车灯，你的车速逐渐下降，心情逐渐低沉，到了队尾，只好一步一停地往前蹭。有时候，一条车道突然快了点，但没多久又堵停了。你探出头想看看前面是怎么回事：是路口进出车太多，是交通灯故障，是发生了事故，是某条车道施工，还是有车抛锚了？但都不是，等过了拥堵路段后，你直接加油门走人。没有明显的原因，但就是发生了堵车。为什么？

研究表明，这种"幽灵堵车"，与司机针对车道前方慢速行驶的车辆——常常是爬坡的货车——做出反应的时间有关。"好司机"会往前看，视线能越过前方车辆，随时准备好对路上的状况做出反应。前面亮起刹车灯，他们很快也会跟着踩刹车。有时候，后面有些司机刹车踩得要比前面的车猛一点，但他们仍能保持舒适的跟车距离，让交通保持流畅。就算几辆车有点扎堆儿，他们也能有序地等待货车爬坡，或者借机超过去。总的来说，"好司机"能对慢速行驶的货车做出整齐划一的反应，因而减少了个人反应时间的累积效应。

不注意前方、跟车过近或者开快车的"坏司机"，他们不时就要猛踩刹车。这样的司机聚在一起会导致连锁反应，每个人刹车踩得都比前一个更猛。

假设有这么一个车队，每个司机都只会对自己正前面的车做出反应。假设他们都按 25 米 / 秒的速度行使，而高速公路行驶中又需保持所谓"两秒车距"，所以每辆车之间的距离应该是 50 米。此时，第一辆车遇到了一辆速度只有 20 米 / 秒的货车。为了保持两秒车距，这辆车需要刹车减速，把跟车距离缩小至 40 米。事实上，这个车队的每一辆车都需要将跟车距离缩小至 40 米。第一辆车要把与货车的相对速度在 10 米的相对距离里，从 5 米 / 秒降到 0，根据 $v^2 = u^2 + 2as$ 的公式，反推出加速度公式为：

$$a = \frac{v^2 - u^2}{2s}$$

那么第一辆车刹车的加速度为：

$$a = \frac{0^2 - 5^2}{2 \times 10}$$

也就是 −1.25 米 / 秒^2。但司机对刹车灯做出反应需要一个时间——反应灵敏的人大约需要半秒，所以当第二辆车对第一辆车做出反应要刹车的时候，他已经以 5 米 / 秒的速度差与前车拉近了 2.5 米。这样一来，他只能在 7.5 米的相对距离内把相对速度降到 0。那么第二辆车的刹车加速度就是：

$$a = \frac{0^2 - 5^2}{2 \times 7.5}$$

即 −1.67 米 / 秒^2。这种刹车力度还是比较温柔的，但让我们继续往后算下去。第三辆车只有 7.5−2.5 = 5 米的相对距离，他的刹车加速度就是 −2.5 米 / 秒^2。这已经是很猛的刹车了，加速度已经是第一辆车的两倍了，但还不算是紧急制动。可这是一个连锁反应。之后每一辆车，刹车都要比前面狠，等到第五辆车的时候，10米的缓冲距离已经用尽，那么它后面的车，车距一定会越来越近，直到某个人不得不紧急制动，彻底刹停，幽灵堵车就此产生。

最坏的情况是某位司机刹车不及导致追尾，进而造成严重的交通拥堵。路上很少会出现"坏司机"扎堆儿的情况，所以多数时候并不会发生追尾。然而，这里的分析的确说明了为什么少数人刹车太晚、太狠，就会让后面排长队，产生幽灵堵车。

应对瓶颈路段

假设你行驶在一条两车道的路上，突然看到标志说你的这条车道"前方封闭"。你是会立即打灯，礼貌地并入另一条车道，然后排着队慢慢通过；还是会占便宜，沿着这条车辆变少的车道飞快地开到封闭的地方，然后逼着某位客气的司机让你"加塞"？守规矩一定是最好的选择吗？加塞是不是也有道理呢？

如果每个人都选择守规矩，在看到封闭标志时便并线，那么从标志到封闭处这一段，有一条车道是完全没车的。这反倒会让另一条车道上的排队长度增加一倍，又因为排队通过的车速度都很慢，排队时间会变得很长。同时，某些不那么守规矩的司机，因为排队过长，更愿意跑到前面去插队，让守规矩的司机更窝火。

如果这条车道上的所有人都等到了封闭处再并线，那又会怎么样呢？那样的话，两条车道都会排队，但队长只有前一种情况的一半，而且两条队的排队时间都差不多。这样一来，没有司机会感觉自己被占了便宜，也就不会产生路怒。又因为两条队伍的移动速度相似，并线会车也就更安全更快。这在今天被称作"拉链式会车"⊖，是最有效率的并线会车方式。

抄近路

　　了解路况和地形对于开车来说很有用处。有些近路捷径，外人根本不知道，当地人却很了然。城市规划部门为了改善交通流量做了许多工作，但有时候，开通更便捷的新路来分流反倒适得其反。假设你原本在上班途中要经过这样一段路：

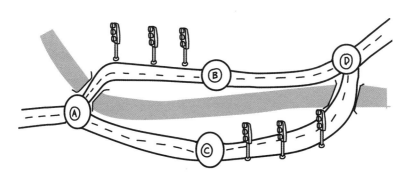

　　开到环岛 A 的时候，你有河北边和河南边这两条路可选。因为之前研究过交通流量，你知道一件事：通过有信号灯路段

（即 A—B 路段和 C—D 路段）的时间，主要取决于信号灯的放行效率。假设这两个路段每分钟都能放行 10 辆车，路上的车辆总数为 c，那么通行时间（以分钟为单位）就是：

$$时间 = \frac{c}{10}$$

而没有信号灯的路段（即 A—C 和 B—D），通行时间与车流量的关系则没有那么大，假设在正常情况下都是 25 分钟。

在交通高峰期，你在环岛 A 那里一共数出了 200 辆汽车。因为北线和南线路况相似，这些车会均匀分流，每条线都有 100 辆车。每条线有信号灯路段，通行时间为 $100 \div 10 = 10$ 分钟，那么总时间就是 $10 + 25 = 35$ 分钟。怎么走用时都是这个数。

结果，就在不久前，B 点与 C 点之间新建了一座桥，方便小汽车在那里快速过河。这样一来，从 A 点到 D 点的司机就有了四种选择：除了 ABD 和 ACD 这两种老走法，还有了 ABCD 和 ACBD 这两种新走法。

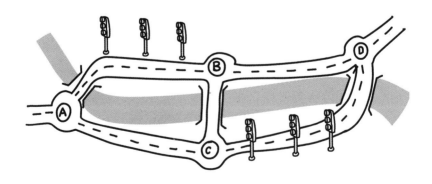

如果通行情况与建桥之前保持不变，那么这四条路线的用时也可以计算出来——假设过桥本身速度很快，用时可以忽略。ABD 与 ACD 的用时一样，仍是 35 分钟。ACBD 等于把两个用时较长的路段加到一起，总用时 25 + 25 = 50 分钟。ABCD 等于把两个用时较短的路段加到一起，总用时 10 + 10 = 20 分钟。所以，司机们肯定会选择 ABCD 这条近路。

如果你原本走的是 ABD，现在想试试 ABCD。假设其他司机保持原样，就当没有这座桥一样。那么从 A 到 B 这一段还是要 10 分钟（你本就是那 100 位司机中的一员）。但过桥后从 C 到 D 这一段，却因为你的加入有了 101 辆车，所以通行时间成了 101 ÷ 10 = 10.1 分钟。你的总用时就是 10 + 10.1 = 20.1 分钟。这比你原先的走法几乎快了 15 分钟。于是你对自己说：有了这座桥真好。

社交媒体的魔力加上交通新闻的播报，让这条捷径火了起来。几天后的早上再看，200 个司机里已有 100 个选择了 ABCD 的走法，余下的还是走老路，50 个走北边的 ABD，50 个走南边的 ACD。这样一来，有交通灯的路段，就有 150 辆车等着通过，通行时间成了 150 ÷ 10 = 15 分钟。ABCD 的总用时成了 15 + 15 = 30 分钟。这比没建桥的时候还是快了 5 分钟，但你也看到了，随着越来越多的人发现了这条捷径，最初那 20 分钟的通行时间已经成了一段美好的回忆，再也回不去了。

而在这种情况下，依然选老路的司机，也要 15 分钟才能通过有信号灯的路段，所以总用时成了 15 + 25 = 40 分钟，比以前

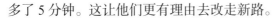

多了 5 分钟。这让他们更有理由去改走新路。

一周过去了，150 个司机都走 ABCD，南北老路每条只有 25 个司机还在走。此时，有信号灯路段的通行时间为 175 ÷ 10 = 17.5 分钟，新路 ABCD 总用时为 17.5 + 17.5 = 35 分钟。所谓的"捷径"，其用时和没建桥的时候一样。老路线总用时为 17.5 + 25 = 42.5 分钟，改走新路的理由变得更加充分了。

到最后，所有 200 个司机都选择 ABCD 的新走法，这让有交通灯路段的通过时间变成了 200 ÷ 10 = 20 分钟，总用时就是 40 分钟，比建桥前还多出 5 分钟。单纯从数学上看，这些司机就应该假装这座桥被封了，还是选择老走法，为自己节省 5 分钟的时间，但这事需要大家非常信任彼此。只要走桥的司机不足 150 人，走桥就仍然能省时。毕竟谁都想在路上尽量省时，尤其是在交通高峰期。

看到这里，你也许会打算将桥梁拆除作为自己的下一个研究课题。

无序更有效？

本章因建桥而产生的情况，就是布雷斯悖论（Braess's Paradox）的一个例子。德国数学家迪特里希·布雷斯（Dietrich Braess，1938—）在 1968 年首次发现，在一个道路网里增加一条新路线，反而会降低整个路网的通行速度。除了领域交通，这个悖论在体育运动中也有体现：团队中独占球权的明星球员就像路网中的额外道路，反而降低了团队的效率。

韩国首尔就对这条悖论给予了现实的证明。那里的道路规划部门惊讶地发现，一条原本为了提高城市通行效率而修建的六车道快速路被拆除后，首尔的交通拥堵状况竟出现了缓解。

第六章　科幻还是科学？

　　前面我们已经研究过了较为常见的出行方式，但别忘了，常见如自行车和汽车，150 年前也都属于科幻的范畴。所以此处不妨放眼未来，想想未来会有什么高科技的交通方式？背后会涉及哪些数学原理？未来的交通方式能做到可持续和环保吗？

出门坐火箭

　　本书创作期间，长途旅行若要省时，唯一的选择就是喷气式飞机。但是，人类早在 20 世纪 60 年代就开始利用火箭把人送上太空。20 世纪 80 年代还出现了可以反复使用的航天飞机。按理说到今天，从英国坐火箭去澳大利亚应该不是问题啊？

飞机已经很快了，民航客机的速度一般都能达到 900 千米 / 时。但飞机的局限在于，它们只能在空气里飞行。空气的确可以给它们的机翼提供必要的托举力，为发动机运转提供氧气，但也给飞机带来了阻力。而且，在大约 2 万米以上的高度，空气太过稀薄，所以大多数飞机都飞不了那么高。火箭的原理其实就是通过最初的助推发射，给你足够的速度，把你送进空气最最稀薄的地方——也就是太空——让你在那里几乎不用动力就能飞到目的地，就像被扔出去的球一样。少有、甚至是没有空气碍事，火箭的飞行速度也会快很多。

你要问了，太空那么远，到那儿不得好久啊？直截了当地告诉你，太空真不远。从伦敦到巴黎有 340 千米多一点，而从伦敦到太空——其实从地球上哪儿算都差不多——大约才 100 千米[⊖]。你要是能竖着开车的话，到太空不过个把小时。所以，进入太空与返回地面这两个过程，只是火箭旅行里很小的一部分。

给火箭旅行建模

长期以来，数学家、工程师与科学家一直在研究抛射体（projectile）——也就是被抛出去、射出去的物体。抛射体的运

⊖ 海拔 100 千米处的卡门线一般被认为是外太空与地球大气层的分界线。——编者注

动轨迹叫抛物线（parabola），属于圆锥曲线的一种，很容易用数学的方式来描述和控制。现在，我要把我坐的火箭看作抛射体，为了让相关数学计算稍微简单一些，我还得列出几个假定条件。第一，假定火箭进出大气层、受到很大空气阻力的头尾两段忽略不计。第二，假定这支从伦敦飞往巴黎的火箭，飞跃范围下的地面是平面，而不是像地球真实面貌那样的曲面。第三，火箭加速到最高速度肯定需要时间，但我这回假定火箭一离地就是最高速度，就像真的是被扔出去一样。

最简单的抛物线，代表它的方程是 $y = x^2$。

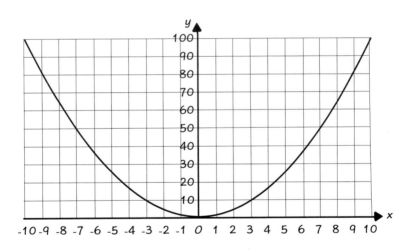

想画出上面这张图，我随便给 x 取值，再用这个数乘其自身，得出对应 y 的值，在坐标轴上标出点，再把一个个点连成线就可以。这个抛物线挺可爱的，但还不太像火箭的运动轨迹。我得想办法把它倒过来，还得让它既经过出发点伦敦（0，0），又经过 340 千米外的目的地巴黎（340，0）。为此，我需要对原方程进行所谓的"变换"（transformation）。最终得到的结果是：

$$y = -\left(\frac{x}{17}\right)^2 + 20 \times \frac{x}{17}$$

把它画出来，便是坐火箭从伦敦到巴黎的运动轨迹：

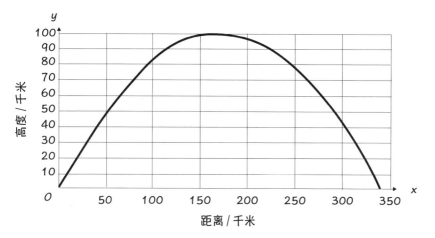

准备发射

　　制定好了飞行轨迹，我们就可以用它来算出发射速度了。把火箭想象成抛体的一个好处就是，作为抛体，它在水平方向上的运动与垂直方向上的运动完全不会干涉彼此。在水平方向上，火箭完全不受任何力的影响（别忘了，假定没有空气阻力）；在垂直方向上，它只受到重力的影响。假设重力⊖是一个常量（其实，就算距离地球 100 千米高，重力也不会小很多），那么垂直方向

　　⊖　重力 $G = mg$，其中质量 m 为定值，重力加速度 g 随高度增加而减小，在 100 千米高处，g 减小 3%，即重力减少 3%。——编者注

的运动就可以利用前一个章节里遇到的匀变速运动方程来分析，也就是：

$$v^2 = u^2 + 2as$$

先用这个方程分析火箭向上飞这一段。其中的 v 代表最终的垂直速度，而火箭到达顶点时，等于是停止上升，转而下降，所以 v 等于 0。u 是发射时的垂直速度，这是我想算出来的数。a 是垂直方向的加速度，此处也就是 -9.81 米 / 秒 ^{2}——前面有负号是因为重力在把火箭往下拉，加速度方向与运动方向相反。s 表示垂直方向上的位移，在这里是 100 千米（100000 米），也就是太空的边缘。

把上面那个公式的 u 调整到等式左边：

$$u^2 = v^2 - 2as$$
$$u = \sqrt{v^2 - 2as}$$

再把相关数据代进去：

$$u = \sqrt{0^2 - 2 \times (-9.81 \times 100000)}$$

通过计算，火箭发射时的垂直速度大约是 1400 米 / 秒。这速度是真快，声速大约才 340 米 / 秒。这个速度大约是声速的 4 倍，即 4 马赫 $^\ominus$，是协和式飞机（Concorde）极速的 2 倍，但这还没有算上水平速度呢。想算出水平速度，我得知道火箭升到顶用了多久。此时利用 $v = u + at$ 这个公式，就可以算出来时间 t。

$\ominus$ 在某一介质中物体运动的速度与该介质中的声速之比。

把 t 调整到等式左边：

$$t = \frac{v - u}{a}$$

把 v、u、a 的值都代进去：

$$t = \frac{0 - 1400}{-9.81}$$

计算后得出的时间大约是 143 秒，或者说 2 分 23 秒。从火箭的运动轨迹图里可以看到，在 2 分 23 秒的时间里，火箭在水平方向必须要飞跃 170 千米（170000 米）。因为不涉及加速度，我们可以用速度 = 距离 ÷ 时间这个公式进行计算：

$$水平速度 = 170000 \div 143$$

算出来将近 1189 米 / 秒。水平速度、垂直速度与二者叠加出的实际速度，就是直角三角形的三条边，所以可以根据毕达哥拉斯定理算出：

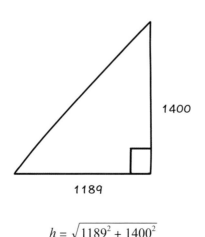

$$h = \sqrt{1189^2 + 1400^2}$$

经计算，火箭的发射速度约为 1837 米 / 秒，换算过来大约是 6600 千米 / 时。飞行时间则是 2 × 143 = 286 秒，即 4 分 46 秒。你看看：从伦敦到巴黎，不用 5 分钟！

事实上，我们的"火箭航班"不可能是一个抛体。首先，我们不可能让一个物体瞬间达到 6600 千米 / 时的速度，也不可能让它以这个速度砸到巴黎，所以加速和减速过程都需要时间。另外，我们的这个火箭，发射时是斜着的，但真正的火箭必须竖直发射出去，再经过调整姿态进入轨道。地球的表面是圆的，计算时也要考虑到这一点。总之，火箭发射要比我们讲得复杂得多，毕竟英语里的"rocket science"除了指"火箭科学"，还有"难做的事"这一层意思。

总而言之，你想从伦敦发射火箭到巴黎，还得保证里面的人能活着出来，5 分钟肯定不可能。但我们这个简单的数学模型表明，这种交通方式可以让我们以目前无法想象的速度在地球上旅行。可持续性也不是问题：我们可以用水来当火箭的燃料，利用绿色电能将水电解成氢气和氧气，让两者燃烧提供能量，燃烧后又变回了水。

真"气"人

火箭旅行如果是真的，你仍然还是要去"火箭站"才能坐上火箭。要是伦敦附近的希思罗机场（Heathrow Airport）变身为英国的火箭站，考虑现有的公共交通状况，我运气好的时候从市区过去也得快四个小时。坐火箭绕地球半圈只要几分钟，但到火箭站却要花好几个小时，你说气不气人？

前面说过，对于火箭旅行来说，最气人的是空气阻力。空气阻力与速度的平方成正比。言外之意，你的速度加倍，受到的空气阻力就会变成原来的四倍。当某种交通工具——不管是双腿、马匹、汽车还是飞机——到达极速时，向前的动力等于都被空气阻力抵消了。

物体所受的空气阻力可以用下面这个公式计算：

$$F_D = \frac{1}{2}\rho v^2 C_D A$$

乍一看可能挺复杂，但等你理解了每个符号都代表什么，其实也不难。其中的 C_D 和 A，都与这个物体的外形有关。A 代表物体迎风面积（横截面面积），C_D 叫阻力系数，能够修正某个特定形状物体的阻力值。符合空气动力学原理的流线型交通工具，阻力系数就很小。v 可是老相识了，代表物体的运动速度，上面那个平方表示阻力与速度平方成正比。那个 ρ 读作"柔"，是希腊字母，英语里的 r 就是从它变过来的，此处代表空气密度——其实可以代表任何一种流体的密度。

深呼吸，出奇迹

空气越稀薄，密度就越低，所以空气阻力就越小，能量也就更能用在刀刃上。1968 年在墨西哥城举办的奥运会，就很好地证明了这一点。墨西哥城海拔约 2250 米，与海平面地区相比，气压大约要小 20%。因为空气密度与气压是成正比的，那里的空气密度也要小 20%，所以空气阻力同样要小 20%。因此，这次奥运会上 800 米以下的田径项目，大多数都诞生了新纪录，尤其是美国选手鲍勃·比蒙（Bob Beamon）创造的 8.90 米的奥运会跳远纪录，直到今天都未被打破 ⊖。

但我总不能每次想摆脱空气阻力，就去太空里来一圈啊。有没有什么办法能把太空环境搬到地球上来呢？答案是有。如果我能让车辆在一条长长的隧道里行驶，我就可以把隧道两头堵死，把一部分或者全部空气抽走，这样就能让车辆跑得更快了。

但普通的内燃机需要空气里的氧气来燃烧燃料，所以在这种隧道里就用不了了。不过这不是问题，如今电动车越来越普遍，电动车里面的电动机不用空气也能产生动力。空气阻力这个麻烦被解决之后，汽车就不用花那么多能量来对抗它了，所以就有更多能量传给车轮。

假设我有这么一辆气密性极好的电动车，极速可以达到 35 米 / 秒（即 126 千米 / 秒或者 78 迈）。如果把它放到一个气压只有正常值十分之一的隧道里，它能跑多快呢？理论上讲，气压十分之一，等于空气阻力只有十分之一，极速应该增加到 10 倍，也就是 780 迈。

我只是说理论上讲是这样，因为汽车的一部分动力实际上肯定要用在某些运动的部件上，比如发动机活塞、车轮、传动轴

⊖ 这一跳作为世界纪录，直到 1991 年才被迈克·鲍威尔以 8.95 米刷新。但 8.90 米的奥运会纪录保持至今。——编者注

等。传统的汽车发动机，反映活塞转动的所谓转速（单位为转/分）存在一个范围。转速要是上了 6000 转/分，发动机就要怒吼了。电动车的转速则常常可以达到 20000 转/分。但一辆车要是能跑到 780 迈，哪怕是配备挡位很多的变速箱，发动机的转速也肯定要比这个高很多，从而浪费了很多动力。有没有什么办法能让一辆车不用依靠这种需要动的部件呢？

磁力无敌

上一个问题的答案是有，用磁力将车浮起来，把车推出去。我们上小学的时候就学过，磁铁有两极，分别是北极（N 极）和南极（S 极），而且异极相吸，同极相斥。为什么会有这种现象？这与磁力有关。其实，几乎不懂原理的工程师，只是利用同极相斥的现象，就能让一个物体悬浮起来，包括火车。

磁力不但能让火车悬浮，也能连推带拉地让火车沿着铁轨运动。快速地变换电流方向，就可以利用这样产生的磁场把火车拉向某一个点，过了之后再把它向前推。

世界上首个商业运营的磁悬浮列车问世于 1984 年，乘客坐着它可以从英国的伯明翰火车站前往伯明翰机场。今天，大多数磁悬浮列车系统都在中日韩三个东亚国家。为什么没有在全世界普及呢？因为这种列车虽然比普通列车跑起来省钱，坐起来舒服，但造起来却非常费钱。

在真空隧道里跑的磁悬浮列车目前并未变成现实，但好几家公司正在开发这一技术，载人测试已经开始了。或许在不久的将来，你可以借助真空隧道或者火箭，在短短一两个小时后便能到达地球的另一端。

真的吗？

美国工程师罗伯特·戈达德（Robert Goddard，1882—1945）在火箭研发中实现了多个重大突破，其贡献得到了世人认可。负责与哈勃空间望远镜（Hubble Space Telescope）和国际空间站（International Space Station）进行通信的戈达德太空飞行中心（Goddard Space Flight Center），就是以他的名字命名的。戈达德还有一个成就：他在自己创作的一篇名为《高速下注》（*The High-Speed Bet*）的短篇小说里，首次"发明了"真空隧道火车。这篇小说从未公开发表，但《科学美国人》杂志（*Scientific American*）曾发表过一篇题为《快速交通的极限》（"The Limit of Rapid Transit"）的社论，其中能找到那个小说里的一些细节。

第三部分
职场风云

依靠数学之力，

你安然无恙地抵达了工作的地方。

现在的你，

如何利用数学在工作中大放异彩呢？

从人员招聘，

到利润最大化和优化任务分配，

数学的力量无处不在。

第七章　招聘那些事儿

　　假如你是一家餐厅的经理，打算新招一名服务员。招聘中介给你推荐了 20 个候选人，但你没时间面试每一个人。他们的经历都类似，简历写得也都挺好。假设你在一对一的面试结束后必须当即告知对方结果，再假设所有没被你录用的人都会在别的地方找到工作，你不可能回头再去找人家。那么，怎么做才能让你有最大的概率招到最好的——至少是不错的——雇员呢？

　　我们先分析一下某些方法所隐含的概率。最省时的方法当然是随便挑一个。这样做，选到最佳雇员的概率就是 1/20，即

5%。概率不算大，但有些老板愿意冒这个险。

另一个极端，也就是最耗时的方法，就是把 20 个人统统面试一遍。但根据我们的前提条件，你只能选择最后一位面试者，他是最合适人选的概率同样只有 5%。大把的面试时间等于是白白浪费了。

策略

首先明确一点，你不靠面试是无法提前判断各位应聘者的优劣的。你可能觉得他们的简历可以说明问题，但如果他们的简历和我的简历差不多的话，里面的内容也许并不是百分百真实的。我的意思是，我也许在简历里会说自己曾"在没有预算的条件下，积极主动地凭借一己之力，提前完成了食品制作区里的照明系统安装项目"，但用我老婆的话说，那就叫"在厨房里换灯泡"。

有一个策略就是先面试一批淘汰样本。你可以通过面试一部分人，对所有面试者的能力获得一个大概的认知。这一批一个都不录用，但在之后的面试中，一旦你发现一个人比淘汰样本里的每个人都优秀，那么他尽管未必是最适合的人选，也至少是很适合的人选。

选定了这个策略，你现在要考虑的是这批淘汰样本该有多少人。在下面这个图里，每位应聘者的实力用数字表示，并标在了各自身上。1 号代表最适合的人选，20 号是最糟糕的人选。取样过小，你可能选不到里面比较适合的人，只能带走其中的平庸之辈。

过小的淘汰样本　　　　就是你了　　　　未面试者

取样过大，最适合这个工作的人就有更大可能出现在淘汰样本中，那么剩下的人里自然找不到一个比淘汰样本更好的，所以最后面试的那个人，不管是张三还是李四，也就只能选他了。事实上，如果最佳人选进入淘汰样本的这种情况发生，你再怎么面试都没用。

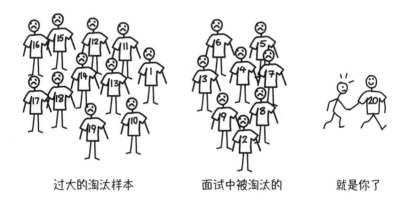

过大的淘汰样本　　　　面试中被淘汰的　　　　就是你了

只有不大不小的淘汰样本才是最好的。到底什么数才叫不大不小呢？让我们先把全部应聘者人数变少，看看能够获得什么启发。

假设只有 1 个应聘者，那么他既是最佳人选，也是最差人选，根本用不上数学。假设有 2 个应试者，随便蒙一个就有 50% 的概率选到最佳人选。这种情况再怎么挑淘汰样本，这个样本里也只能有一个人，这人要么最好，要么最差，所以你最终选定的另一个人，是最佳人选的概率也是 50%。

到现在，淘汰样本的策略并不比随机选更好，但随着应聘者人数上升，我们就能看出这种策略的优势了。有 3 个应聘者的话，随机选到最佳，概率是 33.3%。用淘汰样本的话，有 1 人样本和 2 人样本两种选择。说到这里，你应该能够明白，你面试这些人的顺序对你最终选到哪种人非常重要。3 个应聘者的实力仍然用 1、2、3 来标注，我们可以先对面试顺序进行排列，再去计算选到最佳人选的概率。面试 3 个应聘者，一共有六种顺序：

$$123，132，213，231，312，321$$

假设只取 1 人作为淘汰样本，我们看看你有几次能选到 1 号。对于 123 这种顺序来说，最佳人选首先就被你淘汰了，面试 2 号的时候，你觉得没 1 号好，也把他淘汰了，最终选的就是 3 号。

淘汰样本

面试中被淘汰的

就是你了

这结果可不好。要是碰到 132 的面试顺序,你至少能选出实力居中的 2 号:

淘汰样本

面试中被淘汰的

就是你了

我希望你跟上我的思路。213 和 231 的顺序,都会让你最终选到 1 号。这个好! 312 的顺序,结果也是 1 号; 321 的顺序,结果就是 2 号。

总结起来看,选择一人作为淘汰样本,你选到最佳人选 1 号的概率是 3/6,也就是 50%。这比随机选的 33.3% 还是要高出不少的。如果选择两人作为淘汰样本,你最终选的就是余下的那个人,所以又成了随机选,命中率还是 33.3%。

现在把应聘者人数上升到 4 人。他们的面试顺序,现在就有 24 种排列方式。假定选择一人作为淘汰样本,把每种情况的最终人选直接用下画线标出,结果如下:

123<u>4</u>,124<u>3</u>,132<u>4</u>,134<u>2</u>,142<u>3</u>,143<u>2</u>,2<u>1</u>34,2<u>1</u>43,23<u>1</u>4,

234<u>1</u>,24<u>1</u>3,243<u>1</u>,3<u>1</u>24,3<u>1</u>42,32<u>1</u>4,324<u>1</u>,34<u>1</u>2,34<u>2</u>1,

4<u>1</u>23,4<u>1</u>32,42<u>1</u>3,42<u>3</u>1,43<u>1</u>2,43<u>2</u>1

这样算来,我有 11 次都选中了 1 号,命中率就是 11/24 = 45.8%。如果选择两人作为淘汰样本,我跳过细节,直接说结果：选中 1 号的概率是 10/24，即 41.7%。选择三人作为淘汰样本，你只能录用剩下的那个人，命中率又和随机选一样，都是25%。

可以看出，要是把淘汰样本选得太大，只留下一人参加真正的面试，找到最佳人选的概率和随机选一样。想最大可能地为你的企业找到最佳人选，一定要把淘汰样本取得不大不小刚刚好。

20 个人如何选

我们之前说的可是 20 个应聘者，计算起来相当费时。如果你打算照搬我们上面的办法，就得把 20 个应聘者所有可能的面试顺序全都写下来。3 个应聘者有 6 种顺序，4 个应聘者有 24 种顺序。20 个应聘者，一共有 2432902008176640000 种顺序，抹去零头可以说是 240 亿亿种。在此基础上，你还得把淘汰样本按1~19 人分成 19 种情况，逐一代进去分析。

幸运的是，利用一点点额外的数学思维加上一张数据表，我们就能算得快一点。假设这些应聘者都排成一排，你可以先计算某个位置上的应聘者被选中的可能性。

头上有问号的那位就是我们分析的对象。如果淘汰样本包含"问号人"（比如下图中的虚框），那么他被选中的概率就是零。

如果"问号人"在淘汰样本之外，那么如果要选中他，就要保证淘汰样本里有一个人的表现比排在他前面的所有人都好，但不能比"问号人"还好。

这种情况发生的概率等于淘汰样本的人数除以排在"问号人"前面的人数。对于上面那个图来说，淘汰样本里有 6 人，"问号人"前有 8 人，那么他被选中的概率就是 $6 \div 8 = 75\%$。最后要算的，就是"问号人"恰好是最佳人选的概率，这个概率自然是 1/20，也就是 5%。把他被选中的概率和他恰好是最佳人选的概率相乘，结果就是最佳人选恰好被选中的概率。根据不同淘汰样本的人数，用这个方法算出相应的命中率，再画成数据图，就是下面这个样子：

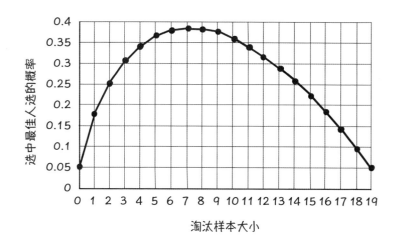

看图就知道，当选择 7 个人作为淘汰样本时，选中最佳人选的概率最高，有 38.4%，比随便选的命中率高出 5%。总的来说，上述数学分析告诉你，在类似的情况下——不管是选服务员或其他雇员，还是在一群约会对象里选择未来的伴侣——你应该先和其中 37%[⊖]的人见个面聊聊，接下来完全不管他们，继续见下去，直到遇见一个比前面的人都好的，然后就选他。

最佳匹配

我们要解决的这个问题，最初被美国数学家梅瑞尔·弗拉德（Merrill Flood，1908—1991）称为"未婚妻问

⊖ 随着应聘者人数（样本总数）增加，要想选中最佳人选，淘汰样本所占比例应为 1/e ≈ 37%，其中 e 为自然常数，值约为 2.718。这就是在做决策时常用的 37% 法则。——编者注

题"（Fiancée Problem），也叫"苏丹嫁妆问题"（Sultan's Dowry Problem）、"挑剔的追求者问题"（Fussy Suitor Problem）或者"十的百次方游戏"（Googol Game）。

值得注意的是，要是应聘者发现了你的选拔方式，他们也许就不愿意过来参加面试了！而且这么干，在大多数国家都违反劳动就业法。

第八章 秋千和转椅

　　许多企业说白了，都是先生产多种产品，然后再卖掉赚钱。然而概念很简单，细节定成败。每样产品各生产多少，才能确保利润最大化呢？数学就可以帮你解决这个问题。

好好利用不等式

　　解决这个问题的第一步，是把商业模式转化成数学模型。我们还是打个比方吧。假设有这么一家公司，名叫"秋千转椅有限责任公司"，专门从事秋千与转椅的生产——这不是废话吗？他们在生产经营中，受到了如下条件的制约：

1. 每天运到工厂的原材料，最多只够生产 10 架秋千和 10 个转椅。

2. 根据生产团队的合同，他们每天最少要生产 7 件产品。

3. 根据工会的规定，生产团队每天最多只能生产 15 件产品。

4. 该公司卖出一架秋千能赚 40 英镑，卖出一个转椅能赚 100 英镑。

这个问题很简单，你可能不用动笔算就能想出答案，但这背后的原理你要是明白了，就可以将其应用到更为复杂的情况中去。首先，我们要引入两个变量：每天生产的转椅数用 r 表示，秋千数用 s 表示。

把第一个条件转化成数学语言，其实就是 r 与 s 肯定都要小于或等于 10，即：

$$r \leqslant 10$$

$$s \leqslant 10$$

第二个条件的意思是，r 与 s 的总数必须要大于或等于 7，即：

$$r + s \geqslant 7$$

第三个条件说明，r 与 s 的总数必须要小于或等于 15，即：

$$r + s \leqslant 15$$

第四个条件又引出了利润这个新变量，我用 P（单位为英镑）来表示，即：

$$P = 100r + 40s$$

解不出，就画图

别烦别怕，你不用非得把这些不等式硬解出来。我的办法是借助形象直观的图像来求解。为此，我们必须把所有不等式在一个图上画出来。简单起见，我们先把 $r = 10$ 与 $s = 10$ 这两个等式画出来。

下面这个图中，横轴代表 r，纵轴代表 s。我在横轴 10 那个点上画一条垂直线，这条线便是 $r = 10$ 的所有点位。同理，我在纵轴 10 那个点上画一条水平线，反映的就是 $s = 10$ 这个等式。

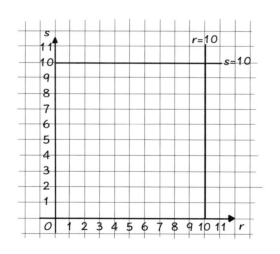

等式在图像中体现为线，而不等式则体现为区域。满足 $r \leqslant 10$ 和 $s \leqslant 10$ 这两个不等式的区域，其实就是这两条线与坐标轴围成的方块。方块的外面都是 r 或者 s 大于 10 的地方。为了突显这个区域，我把这个区域之外的地方都弄上阴影：

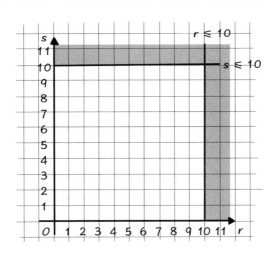

因为无阴影区内部，包括边线上的点，都满足这两个不等式，我们将其称为"可行域"（feasible region）。不过别高兴得太早，我们还要把其他几个不等式都画出来才行。就和之前一样，我先画出等式，确定不等式区域的边线，然后再用阴影把不符合不等式的地方抹掉。第二个条件对应的等式是 $r + s = 7$。想把它画出来，我可以先确定几个两两相加等于 7 的点，比如（0，7）、（1，6）、（2，5）、（3，4）、（4，3）、（5，2）、（6，1）和（7，0）。

<hr/>

⊖ 此处还有个默认的条件：r 和 s 是转椅和秋千的数量，均为非负的整数，即 $r \geqslant 0$ 且 $s \geqslant 0$，所以所求区域不能超过 $r = 0$ 对应的纵轴和 $s = 0$ 对应的横轴。——编者注

把它们连起来 [⊖]，图上又多了一条直线。这条线左下面的点，r 与 s 相加显然都小于 7，不满足 $r+s \geqslant 7$ 这个不等式，所以我把那里涂上阴影。对于第三个条件，办法十分相似，也是先选几个点画出 $r+s=15$ 代表的线，但这回要把线右上的区域涂上阴影。

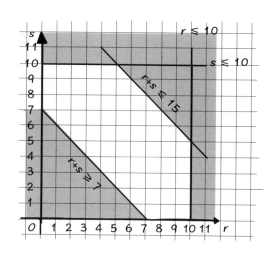

现在，眼前这个没有阴影的六边形，里面的、包括边上的所有点都同时满足以上不等式，也就是都符合我们在开头列出的前三个条件。现在要做的只剩下一件事：找到哪个点代表的利润最大。

寻找最大利润

我当然可以把六边形里每一个点对应的利润算出来，然后从

中挑出最大的那个。不过，这个六边形里一共有 78 个整点（坐标均为整数），算起来太麻烦了。所以我打算这么干。先在可行域里随便挑个点，比如（5，6）。这个点的 $r = 5$，$s = 6$，把这两个数代入我们的利润方程，得出：

$$P = 100 \times 5 + 40 \times 6$$
$$= 500 + 240$$
$$= 740$$

也就是说，5 个转椅加 6 架秋千一共能给公司赚来 740 英镑。我猜肯定有其他点也能给公司赚到 740 英镑。比如 7 个转椅加 1 架秋千，显然也是 740 英镑。把（5，6）和（7，1）这两个点连成线，那么这条线也就能够代表 $P = 740$ 的情况。不过，这条线上的许多点在现实中是不可能的，因为生产的秋千和转椅数量只可能是整数。用类似的办法，我又画出了 $P = 900$ 的线。

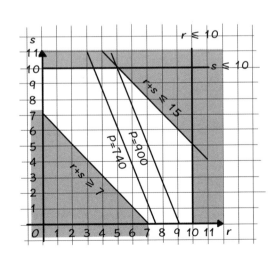

我发现一件事：$P = 740$ 的线与 $P = 900$ 的线是平行的。随着我把 P 值继续加大，对应的线就会继续向外移动，也就是说 P 线越靠外，利润越大。加到后来，这条线肯定会完全跑到可行域外面。但我能够看出来，经过（10，5）这个点的 P 线，是在整个可行域内最靠外的一条。因而公司要想获得最大的利润，就要生产 10 个转椅和 5 架秋千，总利润为 $100 \times 10 + 40 \times 5 = 1200$ 英镑。问题解决了！

首位数有学问

本福特定律（Benford's Law），也叫首位数定律（First Digit Law），说的是在一大堆量化的数据里（比如账目里的数字或者选举计票数），各条数据的首位数并不是均匀分布的。乍一想，既然首位数字有从 1 到 9 九种可能，那么每个数字成为首位数的概率都应该是 1/9。然而本福特定律指出，对于某一类数据组来说，数字越小，其成为首位数的概率就越高，最小的数字 1 成为首位数的概率竟然超过 30%。

这条定律是以美国物理学家弗兰克·本福特（Frank Benford，1883—1948）的名字命名的，现在被用来分析纳税报表——任何有违这一定律的情况都涉嫌做假账。

第九章　完美组合

　　既然算清楚了如何实现公司的利润最大化，下一步就该真的把产品生产出来了。假设你的厂房里有五个操作台，各对应一项生产操作，手下有五名员工。因为你主张员工应该获得持续的职业发展，每个员工都已经学会了不止一种操作。有没有什么简单有效的办法给每个操作台分配一位员工，赶紧开始生产秋千和转椅呢？

天作之合

咱们先把一些细节讲清楚。你的这五位员工，分别叫安娜（Anna）、比尔（Bill）、卡拉（Carla）、丹尼（Danny）和埃尔斯佩思（Elspeth），用名字首字母将其简称为 A、B、C、D、E。安娜能操作 1 号、4 号操作台，比尔能操作 2 号、4 号和 5 号，卡拉能操作 3 号和 4 号，丹尼能操作 1 号和 3 号，埃尔斯佩思能操作 1 号、3 号和 5 号。你感觉怎么样我不知道，反正我说到这已经开始头疼了。

某天早上，比尔在 4 号台，埃尔斯佩思在 3 号台，安娜在 1 号台。为了把情况表示清楚，我要利用所谓的"二分图"（bipartite graph），把员工画在左边，操作台画在右边，并用直线把已经配对好的员工与操作台连起来。

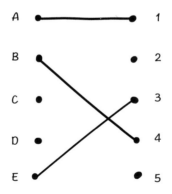

下面我要用一套简单的办法——数学家可能会称之为算法（algorithm）——把所有人都和操作台匹配上。我先选择一个闲着的人——对于这一天来说，就是 C 或者 D——然后让他（或

她）选择一个能操作的操作台。如果那个台子空着，好，配对成功，我再去给另一个闲人分活。如果那个台子有人操作，我就让他挤掉正在操作的人，让被挤掉的人选一个能操作的台子。如果那个台子没人，那我就接着给下一个闲人分活；如果那个台子有人，我就让正干活的人选一个别的台子。如此循环往复，直到每个人都有活干。配对的方法也许不止一种，所以员工们做出的选择会导致不同的配对结果。这种算法，术语叫"最大正向匹配算法"（Maximum Matching algorithm）。

比方说我先给 C 配对。C 能操作 3 号和 4 号，但两个台子都有人。结果 C 选择了 3 号，那么 E 就被挤下来成了闲人。E 选择 5 号，5 号恰好没人，此时的情况画成图就是这样：

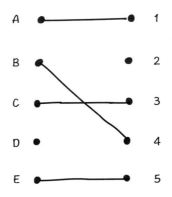

下面，我要利用符号，把任务变动的过程表达出来，"＝"表示"匹配成功"，"≠"表示"不再匹配"。那么上面那个过程就可以记作：

$$C = 3 \neq E = 5$$

这个式子叫"交错路"（alternating path），可以方便地表达出你分配任务的工作过程。现在就剩下 D 了。D 能操作 1 号和 3 号，两个台子都有人。如果 D 选择 1 号，那么 A 就被挤掉了，于是 A 选择 4 号，这样又把 B 挤掉了，于是 B 选择 2 号，2 号恰好没人。这样一个过程写成交错路就是：

$$D = 1 \neq A = 4 \neq B = 2$$

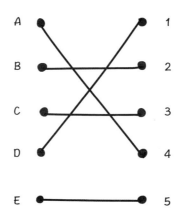

最终形成上图的结果，每个人都分到了任务，这就叫实现了"最大正向匹配"。

你要是觉得这么简单的事不用如此烦琐，那就想想自己管理的是一座拥有数百个操作台和数百个员工的大车间。在那种情况下，一个方便的算法就能派上大用场了，而且具体的匹配工作可以交给软件去做。

装车发货

另一边，你的物流团队正在琢磨怎么把生产出来的秋千装到货车里，发往各地的园艺中心和 DIY 商店。公司一共有三辆货车，每辆能装 60 架秋千。每个客户订购的数量并不一样。问题来了：怎么装车才能保证每个订单可以一次性送达，不用分车送货呢？

这种情况在数学上被称为"装箱问题"（Bin Packing Problem），目前尚没有快速找到完美解决方案的方法。但是我们还是可以利用一些数学上的概念，就算找不到最好的办法，也能将问题妥善解决。

假设我根据下单顺序，把手里这一批订单的数量依次写出：

9，14，25，13，26，8，23，28，12，22

我首先要算的，是运这些货最少要多少辆货车。把所有订单量加到一起，再除以每辆货车的最大装载量——也就是 60——就可以。

$$9 + 14 + 25 + 13 + 26 + 8 + 23 + 28 + 12 + 22 = 180$$

$$180 \div 60 = 3$$

正好是三辆，但前提是每辆都要满载。有一种装车的办法可以称为"首次适应"（First Fit）算法：按照订单顺序依次装车，一批货只要能全装进去就往里装。这个办法很简单，但问题也不小。

比如我开始按照订单顺序装 1 号车。前三个订单加在一起是 9 + 14 + 25 = 48，那么车里还能装 12 架秋千。但下一个订单是 13 架，所以这一单只能装到 2 号车里。26 架那个订单也装到 2 号车里。我灵机一动，把 8 架那个订单装进了 1 号车——现在 1 号车一共有 56 架了。23 架那个订单，1 号车、2 号车都装不下，所以我就把它放在 3 号车里。28 架那个订单也过大，也只能装进 3 号车——现在 3 号车一共有 51 架了。12 架那个订单只能装进 2 号车，现在 2 号车一共也有 51 架了。可惜的是，22 架那个订单，现在哪辆车也装不了，只好单独为它跑一趟了。这个算法让我的 180 架秋千一下子运出去了 56 + 51 + 51 = 158 架。

更好的办法是按订单量从大到小的顺序排列订单，然后再使用首次适应算法。其实，你平时往后备厢里塞行李很可能用的就是这招，先把最大的行李塞进去，然后再用小行李填缝儿。具体我就不给你一步步算了，直接用表格说结果：

货车号	所运订单	总架数
1	28 26	54
2	25 23 12	60
3	22 14 13 9	58

这样一来，我得为 8 架秋千单独发一次车，但至少有一辆货车被我完全装满了。这不算完美，但想找到完美的装车办法，要么是用计算机计算并比较每一种可能的组合，要么是用眼睛扫着看，找灵感。要是像我们的例子这样，一共才 10 批订单，用眼睛看不算太难。但大型物流公司，每天要送的包裹数以百万，用眼睛看可就要看好久喽。

难到"集"致

对于此类问题，虽说数量越多，解决起来越难，但如果数量一直多到无穷大，问题反倒能迎刃而解了。假设你有无限辆货车，哪怕它们都已经装满了，你也能把无限多的货物继续往里面装。怎么装？简单。只要把1号车原有的货搬到2号车，把2号车原有的货搬到4号车，把3号车原有的货搬到6号车，如此类推。这样一来，单数号的货车就全都变空了。因为无限辆货车里的单数号货车也有无限辆，自然就能装下无限多的货物。

如果听蒙了可别怪我，要怪就怪德国数学家大卫·希尔伯特（David Hilbert，1862—1943），无限集合的这种奇怪特性就是由他推演出来的。此外，他还留下了23个"希尔伯特问题"（Hilbert problems），这些问题让数学家们忙碌至今。

第四部分

购物达人

购物或许是正事，

或许是闲事，

但不管怎样都是需要你非常了解数字的事。

从硬币背后的几何原理，

到快递的最佳路线，再到网上竞拍的策略，

我们来专门讲讲购物背后的数学知识。

第十章　锱铢较量

　　长久以来，人类总是对财富痴迷不已。为了把财富带在身边，古人想出的一个办法就是揣着一块块贵金属到处走。后来，贵金属演变成了统一的钱币，一般都由某个国家政权做背书，一枚钱币里的金属值多少钱，这枚钱币的面值就是多少钱。到了今天，钱币的面值已经与其本身的金属价值没有关系了，理论上代表的是某处某个银行金库里某一堆贵金属的价值。纸币也是一个道理：英国的纸币上就印有这样一句话，叫"我承诺见票兑付"，后面紧跟该纸币的面值。

新官上任

自打有了硬币和纸币，发行这些货币的人就与制造假币伪钞的人展开了斗争。为了整顿货币状况，1696 年，英国请出了国内脑瓜最灵光的一个人，也就是大名鼎鼎的伊萨克·牛顿（Isaac Newton），让他接手皇家铸币局（The Royal Mint），想办法让造出来的硬币尽可能地相似，同时也要解决假币问题。根据推测，在牛顿上任之初，全英国有高达 10% 的硬币是假币。上任后，牛顿将他广为人知的对于科学的狂热用在了这些问题上，主持铸币局工作直至 1727 年去世。

今天的硬币，形状大小各异，但都要满足一个条件才好用，那就是必须要容易滚起来。这是因为那些如自动贩卖机和购票机这样需要投币的机器，都需要硬币容易滚动才能正常运行。纯圆形的硬币当然容易滚，但相对来说也容易伪造，所以许多国家都利用几何知识，造出了那种既不是纯圆形、又容易滚动的硬币。

滚滚看

一个圆形的硬币在一个平面上滚动，不管怎么滚，硬币的顶点到硬币与平面的接触点，永远是同样的距离，所以才容易滚起来。

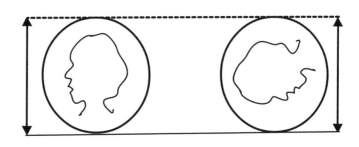

　　如果一个硬币是三角形的（1987 年南太平洋岛国库克群岛发行的一种两元硬币真的就是三角形），那么硬币顶点与接触点之间的距离就会发生很大的变化，所以也就很难滚动起来。

 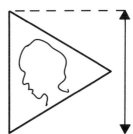

　　圆形硬币好滚，是因为其"宽度"——也就是顶点到接触点的距离——是不变的 ◯。三角形硬币不好滚，是因为其宽度是变的，而且变幅很大。有没有可能造出一种形状不算纯圆形，但宽度还是不变的硬币呢？

　　◯ 这里的"宽度"还可以理解为"夹住"圆的上下两条平行线之间的距离。若平面上一凸形封闭曲线，不论怎么转动宽度都不变，就说它具有定宽性，这条曲线叫定宽曲线或恒宽曲线。——编者注

其实，把三角形硬币的边造得圆润一些就可以起到这个效果。我下面画了一个等边三角形，再以边长为半径，分别以三个顶点为圆心画三个圆，这样就给三角形的每个边都补上了一个圆弧：

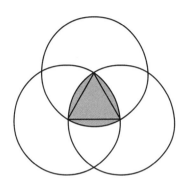

中间阴影部分的那个圆圆的三角形，叫"勒洛三角形"（Reuleaux triangle）。

这个形状是由德国工程师弗朗茨·勒洛（Franz Reuleaux，1829—1905）第一个想到的，放在平面上，其顶点与接触点的距离总是一样的，和纯圆形没有区别。所以把这样一个硬币放到投币机里，滚起来也没问题。

这种形状的硬币还有其他好处。比如视障人士就很容易用手分辨出这种硬币。而且这种硬币很有个性，百慕大为了纪念某些特殊的日子就会发行这种形状的硬币。

勒洛三角形有一些有趣的应用。因为它的宽度是不变的，所以下水道井盖就很适合做成这种形状——只要不是刻意为之，井盖怎么动都不可能掉到下水道里。而且，与宽度相等的圆形相比，勒洛三角形的面积更小，所以井盖制成这样更节省成本。

你心里也许在说，"既然这种三角形和圆形的效果一样，面积还小，那为什么不把车轮造成这样？"这是因为这种三角形在滚动时，其中心不会像圆形那样保持在同一个位置，所以一辆配有勒洛三角轮的车，开起来那是相当颠簸。尽管如此，2009年的时候，中国一个叫关百华的人，借助特殊的车轴设计，真的发明出了一种勒洛三角轮的自行车。

如果你造出一种横截面是勒洛三角形的钻头，让它偏心旋转，那就可以钻出接近于正方形的孔。利用同样的原理，松下公司还生产了一种扫地机器人，能把房间的方角打扫干净。

不止于三

利用勒洛的方法，你还可以画出边更多的类似形状。英国的读者肯定对勒洛五边形和勒洛七边形不会陌生，因为英国的二十便士与五十便士硬币就是那个样子的。只要边数是奇数，都能画出相应的勒洛多边形。

1983 年首次发行的一英镑硬币就是圆形的，后来经过推测，市面上流通的这类硬币大约有 3% 是伪造的。为了防止伪造，英国在 2017 年又发行了一种十二边形硬币。既然其边数是偶数，所以肯定不是勒洛多边形，不过只要边数够多，每个边又都弄成弧形，那么滚起来和纯圆形并没有多大区别。

从二维到三维

进入到三维空间，我们仍然可以创造出宽度始终不变的物体。球体显然就是一种。利用勒洛三角形背后的逻辑，人们还发明了一种叫迈斯纳四面体（Meissner tetrahedron）的几何体，每个面大致像一个三角形，但边和面都是有弧度的，从顶点到底面接触点，宽度永远是一样的。

多谢"纸"教

硬币背后的几何知识讲完了，那纸币呢？毕竟大票可都是纸币呀。

纸币比硬币面值更大，防伪手段也是多管齐下。英国现在的钞票，材料并不是纸，而是一种塑料，还利用了微印技术、透明视窗、边缘变色、银箔金箔、凸印以及隐形紫外线防伪标等手段。此外，上面还有全息照片防伪技术，拿着钞票从不同角度看过去，图案也会变化，感觉很是神奇。

所谓全息照片，本质上也是一种照片，只不过不是用正常的可见光拍摄的，而是激光。第一章里就说过，激光里的光波，波长完全一样，方向完全一样。打一个比方说，正常的光照过来，就像抓一把石头扔进池塘里，光波如同水波一样朝四面八方散去，各自的振幅不同，波长不同，而且还会彼此干扰。激光照过来则像是大海中的海浪，步调一致，方向相同。

激光影像

拍摄全息照片，第一步是用一种特殊的镜子把一束激光分成两束。这两束激光随后会穿过镜头散射出去。其中一束叫作"参考光束"（reference beam），它会直接射到全息摄影胶片上；另一束叫作"物光束"（object beam），它会先射向要拍摄的物体，再反射到胶片上。拍摄普通照片时，整个场景最好是静态的，而拍摄全息照片时更是不能有丝毫抖动，就连附近有一辆车甚至是行人经过，曝光都会因此变得模糊。

参考光束与物光束叠加起来，就能形成被拍摄物体的全息信息。可以把这个关系写成：

$$R + O = H$$

（参考光束信息 ＋ 物光束信息 ＝ 全息信息）

普通的拍摄，胶片上的信息就是物体的像，洗出来就行，但全息拍摄却不行。胶片上记录下的信息，其实是两种光束的干涉模式。物体的像包含在物光束信息里。为了看到物体，就得给公式变形：

$$O = H - R$$

（物光束信息 ＝ 全息信息 － 参考光束信息）

想实现这个"减法"，我要用最初的激光光束去照射全息胶片，但要从后面照，让光从胶片中穿出来，这样胶片前面的人就可以看到物体了。这种成像方式叫"透射式全息成像"（transmission hologram），经常在博物馆中用于展示和装置艺术品。钞票上的全息照片，用的是"反射式全息成像"（reflection hologram），也就是让光从正面射向胶片，再反射到人的眼中形成影像。

看这样的全息照片，你始终都是在以激光"看"到的角度去看那个物体。不管你怎么改变视角，像的角度都是一样的。正是因为这一点，全息照片里的物体才会呈现出那么神奇魔幻的立体感。

通过上面讲的这些，你应该可以看出，拍摄全息照片一点都

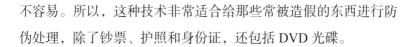

不容易。所以，这种技术非常适合给那些常被造假的东西进行防伪处理，除了钞票、护照和身份证，还包括 DVD 光碟。

超现实图像

1973 年，超现实主义画家萨尔瓦多·达利（Salvador Dali）与休克摇滚（shock rock）歌手爱丽丝·库珀（Alice Cooper）联手，创造了世界上第一件全息影像艺术品。这件作品名为"爱丽丝·库珀大脑首张圆柱体彩色全息肖像"（*First Cylindric Crono-Hologram Portrait of Alice Cooper's Brain*），画中的库珀佩戴着价值数百万美元的珠宝，对着一尊断臂维纳斯的小雕像唱歌，他的身后是他大脑的雕塑，上面顶着一块爬满蚂蚁的闪电泡芙。

清晰可见！

第十一章　次日即达

购物从来没有像今天这么方便过。坐在舒服的沙发上，拿着智能手机，我就可以浏览和购买天底下几乎任何一种商品，食物也行，乐器也行，度假套餐也行，股票也行。线上商家不用花钱去维护什么实体店，所以他们的东西常常也便宜得让人受不了。不过，与实体店不同，我在线上买东西，东西总得从商家运到我家，而这个运输时间和费用在我的购物选择中常常是重要因素。

运输的问题同样也会影响实体店，因为他们需要靠物流来进货。于是，怎么把物品在规定时间内送到需要它的地方，这已经形成了一个学科，即物流学。

从智力题说起

如何在一个由公路、铁路、机场、码头组成的运输网里运东西才最有效率，这是一个极其复杂的问题，数学家们已为此奋斗了几百年。数学中的图论（graph theory）就是在试图解决这个问题。你可能没听过这个词，但你肯定与它打过交道，只不过当时不知道而已。

我小时候在儿童智力题大全里常能碰到一类题，让你一笔画出一个图形，笔画不能断，还不能重复。下面这个图形的出镜率就很高：

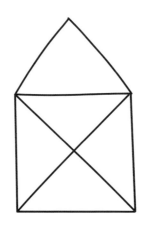

稍微试一下你就会发现：从底边某一端起笔，就可以一笔把它画出来，从别的点位开始画，就画不出来。这背后有什么道理

吗？嗯，我先把图中所有的交汇点都找出来，然后分别算一算它们是由几条线交汇而成的：

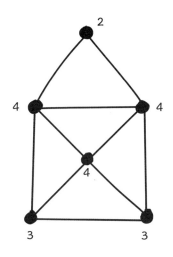

这样一来，我注意到一件事：在所有这些点中——图论中把这种点称为"节点"（node）或"顶点"（vertice）——除了底边那两个点，其他点上分出的线段数都是偶数。现在，想象你的笔尖正在这个图形上移动。如果你经过一个节点，那么这个点至少要分出两条线，一条让你进，一条让你出。如果画着画着又回到了这个点，那么它至少还得多出两条线，还是一进一出。所以说，凡是那种需要一次或多次经过的节点，分出的线段数必须是偶数。底边左右两点可就不同了，每个都分出了三条线，言外之意，你经过它一次后，就不能再次经过了，只能停在那里，或者从那里开始。事实也是如此。你只要从其中一个点下笔，肯定会在另一个点那里停笔。如果不在这种奇数点上下笔，你怎么画也没办法一笔画成。

这就是图论在儿童智力题上的应用。我们还可以把同样的思路用到另外两种图形上。如果一个图中的所有节点都是偶数点，那么我从任何一点下笔，应该都可以一笔把它画出来，而且最后停笔的地方肯定还是下笔的地方。试试下面这个图：

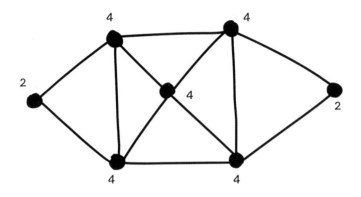

反过来说也可以。比如一张图，奇数节点超过两个，那么不管怎么画也不可能一笔画出来，比如：

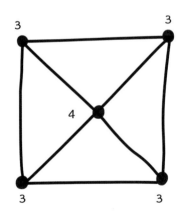

成功之路

说这些和网上购物有什么关系呢？有啊，不用多大的想象力也能看出，刚才那些图就像是一个个交通运输网，线段好比公路，节点则是快递点。

不过我们之前得出的结论，对网店的用处不如对邮局那么大。这种"一笔画"智力题，要求每条线只能走一次，节点可以经过许多次。这恰恰类似邮递员的工作要求：如果一个交通网的所有节点都是偶数点，那么给道路两边房子里送信的邮递员，就可以用最省事的方法完成投递工作，而且还能从邮局出发，最后又回到邮局——事实上，设计这种路线的问题在数学界还有个专门的名字，叫"中国邮递员问题"（Chinese Postman Problem）。可给网点送货的快递员，只希望每个节点只经过一次，而且总路程越短越好，这个问题叫"流动推销员问题"（Travelling Salesman Problem）。我们能不能用刚才的知识来帮帮他呢？

答案是能帮，但不容易帮。我稍微说说，你就知道为什么了。首先，咱们得想想自行车道的事。

假设你是一个道路规划师，刚刚接了一个活儿，要在多个城镇间沿着现存的公路修建自行车道，要求是能够让人骑车从任意一个城镇到达其他任何一个城镇，但不需要在每两个城镇间都修建自行车道。考虑到预算，你设计的自行车道总里程越短越好。

跟之前类似，我把这些城镇标为点，画成图。这个图有点像伦敦地铁的路线图，并不反映各地的实际地理位置，只是反映它们之间的交通连接关系。因为这个问题需要考虑到里程，我把每两个城镇间的千米数也写了出来：

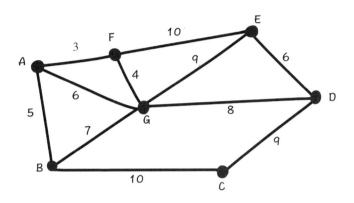

为了解决自行车道的问题，美国数学家、计算机学家约瑟夫·克鲁斯卡尔（Joseph Kruskal）想出了一个非常简单的办法。他发现，你不妨先沿着最短的那些公路修自行车道，什么时候连上了所有节点什么时候收工。这期间你一定要避免让自行车道连成三角形，因为三个节点只需要两条路线便可连通，第三条路线肯定是多余的。

以上图为例，我看到线段 AF 最短，只有 3 千米，FG 和 AB 位居其后，分别是 4 千米和 5 千米。AG 和 ED 都是 6 千米，但 AG 会与 AF 和 FG 构成三角形，所以要选就选 ED。下一个是 7 千米长的 BG，但 BG 也会与其他两条路形成三角形，所以不选。等把 GD 和 DC 加上，所有节点都有了，这就是连接各城镇的最短路线：

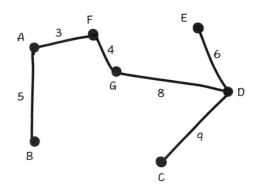

数学家把这个图叫作"最小生成树"（Minimum Spanning Tree）。我觉得只有成天不怎么出门的数学家才会觉得这东西长得跟树搭边儿。现在好了，你可以告诉市委会，建 $3+4+5+6+8+9=35$ 千米的自行车道就可以完成任务。

长路漫漫

上面这招并没有解决快递员的问题，但至少让我们知道了他大概要跑多少路。如果快递是要给这个交通网中的城镇送货，那么选择上面那种走法，一来一回，70 千米就能把货都送到 ⊖。这不是最短的路线，但至少是可以考虑的路线。下面我们再接再厉，试着把运输距离降到 70 千米以下。

可惜，目前要给"流动推销员"找出最短路线，并没有固定的算法或窍门。真的要找出最短路线，只能把每一种路线的里程

⊖ 考虑到还会折返，实际要多于 70 千米。——编者注

都算出来，看看哪个最短。上面那个交通网一共有 7 个城镇，这么硬算很可能不用多少时间，但如果你经营的是一家大型全国性或者国际性企业，运算时间可就要多很多了。就说 7 个城镇吧。你的起点有 7 个可选，第二站有 6 个可选，第三站有 5 个，以此类推，可能的路线一共是：

$$7 \times 6 \times 5 \times 4 \times 3 \times 2 \times 1 = 5040$$

这个算式在数学上可以简写成 7!，读作 7 的阶乘（factorial）。计算机算这个好像没什么难度，但是，一个真正的快递员平均一天要送 200 个地方，那么可能的路线就是 200 的阶乘：

$200! = 200 \times 199 \times 198 \times \cdots \times 2 \times 1$

$= 78865786736479050355236321393218506229513597768717$
$3263294742533244359449963403342920304284011984623904$
$1772121389196388302576427902426371050619266249528299$
$3111346285727076331723739698894392244562145166424025$
$4033291864131227428294853277524242407573903240321257$
$4055795686602260319041703240623517008587961789222227$
$8962370389737472000000000000000000000000000000000000$
0000000000000000

这么大的数，你根本读不出来。反正它一共有 375 位，后面有 49 个 0。

也不知怎么搞的，你的包裹就是能送到。英国每天平均会有超过 700 万件包裹送达。这是怎么做到的呢？

有办法了

尽管流动推销员问题没有快速的最佳解决办法，但的确有不算太差的办法。数学家称之为启发式算法（heuristic algorithms）。你拿着地图选择自驾路线的时候，用的就是这一招：跟着感觉选出一条能通往目的地的路线，因为不了解当地的近道和交通特点，这条路线很可能不完美，但仍然可以接受。千好万好，管用就好。

有一种启发式算法被称为"最近邻算法"（Nearest Neighbour Algorithm）。怕你不会顾名思义，我来解释一下：这种算法就是随便挑一个起点，此后每一站都选择距离前一站最近且没有去过的节点，走完全部节点后，再选择最近路线返回起点。

用这种算法，假设快递员从 A 镇出发，那么离 A 最近的 F 就是他的下一站，离 F 最近的 G 就是下下站。以此类推，他之后的路线是 B—C—D—E。最后，要从 E 选择最近的路返回 A。看图自然是经过 F 的走法：

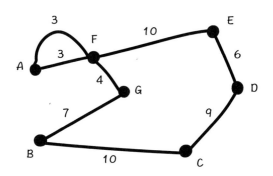

这样一来，快递员的行驶总里程就是 3 + 4 + 7 + 10 + 9 + 6 + 10 + 3 = 52 千米，这比我们之前算出来的 70 千米可短了不少。

灵光乍现

人类很擅长"启发式"地解决问题。还是拿刚才那些城镇作例子，要把货物送到所有城镇，而且路程尽可能短，我既不用把几千种路线一一算出来作比较，也不用"最近邻算法"，而是可以从"最小生成树"上面找灵感，看能不能把它调整成一个环线。如果我不走 GD，改走 GE，这不过就多走了 1 千米，然后从 C 走到 B，从 B 那里就可以回到 A，这就成了一条环线：

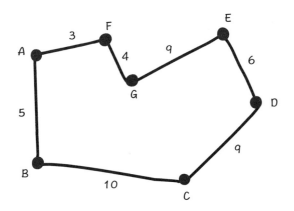

这个总路程是 35 - 8 + 9 + 10 = 46 千米，比最近邻算法的方案还少 6 千米。如此看来，人脑"圆"来还不算太笨。至少暂时还行。

我发现了！

阿基米德（Archimedes，公元前 287—前 212）泡澡时获得顿悟的故事，你可能听说过。当时的阿基米德是一个"打工人"，他的"老板"是锡拉库扎国王希洛二世。阿基米德在泡澡时突然意识到了物体体积与浮力的关系，"老板"交给他的那个难题因此迎刃而解。兴奋之中，他跳出浴缸，裸着身体在街头狂奔，边跑边用古希腊语喊着"Eureka!"，意思是"我发现了！"

上文"启发式算法"中的"启发式"，英语叫heuristic，和 eureka 词根相同，意思相通。在合理的时间内给问题找到一个可行的解决方案，这种方法就可以说是"启发式"的。前面说过，在流动推销员问题中，找出所有可能路线并挑出最佳路线，需要的时间太久，莫不如盯着地图仔细看，选出一条较为合理的路线即可。所以下次你做了个决定，别人问你为什么，你就可以说自己用的是"启发式"方法，看看有谁说二话。

第十二章　竞拍体验

　　不管是线上还是线下，我们很多人都喜欢购物。如果你想缓解压力，购物就是很不错的方法。但有的时候，你想要的是刺激，那这时候就要靠拍卖了。在拍卖会上成功拍下自己看中的东西，要靠努力、技巧和运气。抢着了就会得意，没抢着自然败兴。因为拍卖，买东西竟成了一种比赛。

　　每年有数百万人会到 eBay 等网站上参加网上竞拍，除了为了捡漏，更是为了刺激——就是那种你作为最高出价者、一分一秒算着时间的刺激。而数学能不能在这方面帮到你呢？

因事制宜

eBay 已经把网上竞拍的整个流程都安排妥当了。进去一搜，就能得到所有竞拍品的列表。在里面选出心仪的那个，心里给它定个价，然后输入你的出价，这就等于加入了这场竞拍。竞拍期间，eBay 可以自动用最低加价幅度替你加价，一直让你保持领先。你可能会觉得，要是这个价格没到你的最高心理价位，那买下来就是捡漏；要是超过了，那买它就不划算了，不如去竞拍类似的商品。道理多简单啊。咱们每个人都直接输入可以接受的最高价，直接看结果，省下的时间好好过日子多好。

问题是竞拍很少是这个样子的。这里面有几个因素，主要因素包括：许多人并不理解 eBay 所用竞价系统的机制；为了赚钱，eBay 希望每个竞品的成交价越高越好；人的心理在作怪。

泛泛来说，出价有三种方法：最高出价法（max bidding）、递增出价法（incremental bidding）和狙击出价法（sniping）。我刚才说的就是最高出价法，也就是一上来就抛出自己能接受的最高价，等着看结果。递增出价法就是每次出价都比目前的最高价略高一点，不断地出价，直到自己竞拍成功，或者出到了自己的最高价。狙击出价法则是耐心等待，到了拍卖的最后一刻，再一下子报出自己的最高价。

博弈论

人生仿佛棋局，你我争当棋子。数学里单独有一个分支叫

"博弈论"（game theory），研究的就是与下棋、比赛类似情况的可能结果，以及获胜对每个参与者的价值。博弈论可以应用到下棋或者玩剪刀石头布这种游戏上，也可以用于在超市决定排哪条队，选择投资哪只股票，如何向老板提出加薪等情况。

博弈论最先提出的一个问题叫"囚徒困境"（Prisoner's Dilemma）。说的是两个囚徒被抓了，警方分别对其进行审问。两人都犯有一小一大两个罪行，小罪需判 1 年，大罪需判 3 年。警方掌握的证据足以定二人的小罪，但不足以定二人的大罪。若一人肯告发同伙，警方便有足够的证据定被告发者的大罪，而且对告发者还会减去 1 年刑期。两个囚徒单独关押，彼此无法通气。你觉得他们怎么做最好？要是你，你会怎么做？

为了展示两人不同选择的后果，数学家用到了下面这种表格，术语叫"支付矩阵"（payoff matrix）：

	囚徒乙缄默	囚徒乙告发
囚徒甲缄默	甲乙各服刑 1 年	甲服刑 3 年 乙获释
囚徒甲告发	甲获释 乙服刑 3 年	甲乙各服刑 2 年

这时候就要考虑心理学因素了。如果把两人看成一个集体，他们最好的策略当然是都闭上嘴，老老实实各蹲 1 年，集体服刑时间为 2 年。如果一方告发，另一方不告发，集体服刑时间就是 3 年。如果双方都告发对方，集体服刑时间为 4 年。结果见下表：

	囚徒乙缄默	囚徒乙告发
囚徒甲缄默	2 年	3 年
囚徒甲告发	3 年	4 年

别忘了，这两个人可是罪犯。就算他们此前定过什么江湖规矩，但真的就能信任彼此吗？他们能冒这个险吗？如果两人都想要放手一搏，为自己争取最好的结果，也就是不进监狱，那么最有可能的结果反倒是对这个集体来说最坏的结果：两人都选择告发对方，最终每人被判 2 年——第五章讲过，这就是混乱的代价。事实上，罪犯也好，大多数普通人也好，并不太愿意冒险，所以会根据最坏的结果来决定自己的选择。一个罪犯会想：如果我不告发，那么最坏的结果就是入狱 3 年；如果我选择告发，最坏的结果就是入狱 2 年。所以，选择告发能为我保证"最好"的最坏结果。乱不乱？既然这个问题叫囚徒"困境"，怎么可能那么容易厘清？

国家出钱降低碳排放，职业自行车选手通过服药来提升竞技状态，甚至是你决定什么时候给父母打电话才不会产生亏欠感，类似的许多种情况都属于囚徒困境。

值不值

在囚徒困境中，"赢"或"输"的价值显而易见。但在 eBay 上竞拍某个物品，赢和输的价值可就没那么明显了，而且还因人而异。比方说竞拍品是一个茶杯，表面价值不过 5 英镑。如果一个人拍它就是为了能有一件不错的茶具，那么他最多只会出到这个数，要是被别人以高价拍走了，大不了再去拍别的，或者干脆买一个就得了。这就是赢不可喜，输不可惜。

但如果一个人十年间一直在收集一套茶具，就缺这么一个茶杯，而且茶杯本身虽然不是很值钱，却非常少见。那么他肯为这个茶杯出的钱，可能会远远超过 5 英镑。而这会让卖家和 eBay 非常非常开心。

起拍价定多少，也会左右竞拍者的心理。假设你把一个东西拿到网上拍卖，其市场价有 100 多英镑。要是你把起拍价定得太高，很多人会觉得捡漏是不可能的了，而不能捡漏的网上拍卖是没有灵魂的，所以他们干脆就不参加了。要是你把起拍价定得过低，喜欢最高出价法的竞拍者还会出 100 多英镑，但肯定也会默默祈祷价格不要飙到这种程度。

另外，你一开始并不知道有多少人竞拍，他们用的都是哪种出价策略，他们在什么情况下肯为这件东西出多少钱。如此复杂的事情，博弈论能帮得上忙吗？

出正还是出反？

在囚徒困境中，一个囚徒可能会做出使得最坏结果最好的那个选择，这个策略在博弈论中被准确地称为"安全第一"策略（play safe）。不过，对于有些游戏来说，安全第一的策略是行不通的。比方说你在和朋友玩一个很简单的打赌游戏。你们一人一枚硬币，暗中定好正反面后，同时张开手看。两个硬币若是正反一致，你赢；一正一反，你输。输的人要给赢的人若干饼干，你赢得的饼干数参见下表：

		朋友的硬币	
		正面	反面
你的硬币	正面	1	−3
	反面	−4	6

比方说，你们俩都出正面，那你的朋友就要给你 1 块饼干。你出正面，朋友出反面，你就要给他 3 块饼干。这种游戏在博弈论中叫"零和游戏"（zero-sum game），也就是你赢下的东西和你朋友输掉的东西完全一样。对于这种游戏来说，安全第一的策略并不是上算。你有两个最坏的结果：出正面最坏会输掉 3 块饼干，出反面最坏会输掉 4 块，所以出正面会保证你得到最好的最坏结果。对于你的朋友来说，出正面最坏会输掉 1 块饼干，出反面最坏会输掉 6 块，如果他也认为安全第一的话，肯定也会出正面。如此一来，你俩回回都是两个正面，他回回都会输掉一块饼干。这么玩游戏不但非常无聊，而且你的朋友必须要蠢到出类拔萃的地步才肯和你这么玩。他肯定会时不时地出反面。但怎么一个频率才好呢？而且，如果对方不坚持一种策略，你又该怎么调整自己的策略呢？

假设你也不是一直出正面，而是按照一个次数比例去出正面，这个比例设为 p，那么你出反面的次数比例自然是 $1-p$。下面我们先算一算在你的朋友出正面的情况下，你预期能赢得多少块饼干。你出正面能得到 1 块，你出反面会输掉 4 块，而你出正面和反面的次数比例之前已经说了，所以，不考虑次数本身的话，你的预期收益将是：

$$预期收益 = 1 \times p - 4 \times (1-p)$$

为了让这个算式看起来更规矩些，我们可以把括号拆开——别忘了负负得正——拆完就是：

$$预期收益 = p - 4 + 4p$$

稍加简化，得出：

$$预期收益 = 5p - 4$$

这说明，你朋友出正面时，你出正面的比例越高，赢得的饼干就越多。同样的道理，下面再算算在你的朋友出反面的情况下，你的预期收益有多少：

$$
\begin{aligned}
预期收益 &= -3 \times p + 6 \times (1-p) \\
&= -3p + 6 - 6p \\
&= -9p + 6
\end{aligned}
$$

这说明，你朋友出反面时，你出正面的比例越高，赢得的饼干就越少。所以这个 p 一定存在一个中间值，能带给你最佳的结果。想找到这个中间值，可以让两种情况下的预期收益相等：

$$5p - 4 = -9p + 6$$

把 p 移到同一边：

$$14p = 10$$

也就是说：

$$p = \frac{10}{14}$$

所以你每玩 14 局，就应该有 10 次要出正面，换算成百分数大约是 71%。

我还可以从你朋友的角度进行同样的分析，假设他出正面的次数比例是 q。在你出正面的情况下，他的预期收益是 $-q + 3(1-q) = -4q + 3$，在你出反面的情况下是 $4q-6(1-q) = 10q-6$。同样让它们相等，算出 q 的最佳值：

$$-4q + 3 = 10q - 6$$

$$14q = 9$$

$$q = \frac{9}{14}$$

也就是说，你的朋友每 14 局应该有 9 局要出正面，次数比例大约是 64%。如果你们俩都遵循这种策略，长期玩下去谁的饼干会多呢？我们先把你的最佳 p 值代入任意一个预期收益公式里去：

$$5 \times \frac{10}{14} - 4 = -\frac{3}{7}$$

$$-9 \times \frac{10}{14} + 6 = -\frac{3}{7}$$

是个负数，这可不妙。按照这种游戏规则长期玩下去，你平均每局要输掉 3/7 块饼干。再看看你的朋友：

$$10 \times \frac{9}{14} - 6 = \frac{3}{7}$$

$$-4 \times \frac{9}{14} + 3 = \frac{3}{7}$$

这个数没问题——既然是零和游戏，每局你输掉 3/7 块饼干，你的朋友自然会得到 3/7 块饼干。可能这个游戏并不适合你。

竞拍开始

拍卖也分好几种。传统的拍卖在一个大屋子里举行，一群人坐在一起纷纷出价，出价时常会挥动某种小牌子，前面的拍卖师则负责主持竞拍。这便是英式拍卖（English auction），价高者获胜，并支付自己的报价。你可能还听过另一种形式叫作荷兰式拍卖，即密封拍卖（sealed-bid auction），这种拍卖常被房产代理用在房产土地交易最终的定价阶段，竞拍者要在不知道其他竞拍者报价的情况下，直接提交自己的最高报价，同样价高者得之，并支付自己的报价。但 eBay 的拍卖却与二者不同。eBay 采用的形式叫作维克瑞拍卖（Vickrey auction），这种拍卖形式得名自加拿大经济学家、诺贝尔奖得主威廉·维克瑞（William Vickrey，1914—1996）。维克瑞拍卖属于密封拍卖，但胜出者要支付的不是自己的最高报价，而是第二高报价。这种拍卖方式能鼓励竞拍者给出各自的最高报价，因为他们觉得自己有可能不用出那么多钱。

eBay 也对这种拍卖方式做了调整：所有竞拍者都知道目前第二高的报价，而且多次报价（multiple bid）是允许的。

成交!

这些知识加到一起，怎么能帮你赢下网上竞拍呢？就像和朋友猜硬币、赌饼干一样，你可以使用混合式策略，根据其他竞拍者的表现调整自己的策略。在竞拍品的信息列表上，你可以看到目前的领先报价（那可不一定是最高报价）、出价次数和竞拍者人数。通过这些信息，你可以判断其他竞拍者的特点。

如果竞拍者人数不多，出价次数却很多，这说明你的对手们采用的是递增出价法。对付这种方法，最适合使用狙击出价法，在拍卖的最后几秒内报出你的最高价，让他们没有机会加价。

如果出价次数很少甚至是无人出价，你有可能面对的是一群狙击出价者。对付他们，最好使用最高出价法，早早地叫出你的最高价，这样一来，即便他们在最后时刻的出价与你相同，根据先出先得的规矩，你也能赢下竞拍。

如果目前的领先报价接近你对竞拍品的估值，而且出价次数并不多，这很可能说明你的对手们用的是最高出价法。在这种情况下，他们有可能已经占了先机，但如果你比他们更重视这件拍品的价值，选择最高出价法或者狙击出价法仍然管用。

注意，在所有这些情况中，递增出价法都不是上策。一点点加价可能会让竞拍显得更好玩，但无助于让你以理想的价格竞拍成功。不管是用最高出价法，还是狙击出价法，请允许我祝你拍卖交好运，收获好心情！

"猩猩"相惜

在上面提到的猜硬币正反的游戏里，利用混合式策略是成功的关键。这个游戏还有一个简化版，胜负规则一样，但赢的人直接拿走两枚硬币。对于这个游戏来说，最佳策略是在 50% 的次数中随机选择正反。听起来很简单，对吧？确实简单，但前提是你的对手得是人类。

你要是和一只黑猩猩这么玩，估计就会败下阵来。2014 年，美国加州理工大学进行了一项研究，让人类和黑猩猩玩起了这种游戏（它们获胜的奖励是水果而不是冷冰冰的硬币），结果黑猩猩的胜率更高，这说明它们比人类更擅长随机选择策略。至于原因，可能是它们的短期记忆力很好，可能是它们的社会竞争性更强，也可能就是因为它们比我们聪明。

有些足球队在点球大战中使用类似的博弈论方法，来决定射门方向，但我还没听说有球队请黑猩猩来当点球分析师。

第五部分

放松一下

工作已完成，

网购的商品已送达，

休闲的时光到来了。

只要理解些数学知识，

不光计算机玩得好，

还能尽情享受流媒体上的各种娱乐，

更能在社交媒体上占尽风头。

第十三章　非"自然"的数

　　对我来说，休闲，尤其是辛苦了一白天之后的休闲，一般都离不开科技产品。不管是看电影，刷社交媒体，还是听音乐，相关产品里都会用到一种叫晶体管（transistor）的电子元件。晶体管说白了就是一个不会活动的小开关，一台计算机的芯片上能有数十亿个晶体管，它们是计算机用来计算、存储数据，做数学题、做逻辑题的工具。没有晶体管，也就没有现代计算机。

搞不懂的晶体管

晶体管非常小。第一代 iPhone 手机里大约有 20 亿个晶体管，最新款里应该能有 120 亿个。制作晶体管的材料叫"半导体"（semiconductor）。顾名思义，半导体既不是导电性很好的导体，也不是不能导电的绝缘体，而是介于两者之间。在某种情况下，半导体还可以在导体与绝缘体之间来回变换，所以才能起到开关的效果。

晶体管是与量子力学一同发展而来的。量子力学属于物理学一个模糊混沌的领域，试图解释最最微观的世界是如何运行的。而量子力学的核心，却是一个非常奇怪的数学概念。

越加越少？

数学家管我们数数时数的数——也就是 1，2，3 什么的——叫自然数（natural number）。把自然数从小到大排列起来，叫自然数列（sequence），可以无限地排下去。把一个数列里的数统统加起来，就叫级数（series）。简单地说：

自然数列：1，2，3，4，5，…

自然级数：1 + 2 + 3 + 4 + 5 + …

你想必会觉得量子力学有点古怪。你也许听说过"薛定谔的猫"（Schrodinger's Cat）。那是一个量子力学家在脑子里进行的思想实验，把一只猫关在一个盒子里，盒子里有机关，会在一段随机的时间后释放致命毒气。从量子力学的角度看，这只猫既是活的，又是死的，直到某人开盒查看，才能揭示其实际的生死。其实，数学里也有古怪之处。比如说我把自然数列里的数一个个加起来，加到无穷大，最后的结果等于多少呢？

$$1 + 2 + 3 + 4 + 5 + \cdots + \infty = -\frac{1}{12}$$

把所有自然数加到一起，总和比它们中最小的数还小，甚至比 0 还小一点！这结论总感觉哪里不对。不管是数学家还是普通人，大多数人都觉得这个结论有问题。得出这个数的过程，叫"拉马努金求和"[一]（Ramanujan Summation），已有人用各种方法对其进行了证明。其实，利用拉马努金求和，人类造出了晶体管，还发展出了一批最优秀的物理学理论，可见用事实证明才是最好的证明。

格兰迪级数

证明拉马努金求和的一个方法，需要用到两个级数。第一个

[一] 拉马努金求和是由印度数学家拉马努金（1887—1920）发明的数学技巧，用于指派一个特定的值给发散级数。发散级数是指级数和不会收敛于一个固定值的级数，本章所列举的级数都是发散级数。用传统的求和方式（柯西和）无法定义发散级数的和，比如对自然数列来说，把数一个个加起来，加到无穷大，那结果必然是无穷大，就没有意义了。但在实际的数学研究和应用中，又常常需要对发散级数进行运算，于是数学家们就给发散级数定义了各种不同的"和"，比如切萨罗和、阿贝尔和、拉马努金和等。——编者注

级数叫格兰迪级数（Grandi Series），得名自研究过这个级数的意大利数学家格兰迪。这个级数用 G 来表示，可以写成：

$$G = 1 - 1 + 1 - 1 + 1 - 1 + \cdots$$

就这样，不断地先加 1，再减 1。这个级数的和等于多少，主要是看我算到哪个数停止，但总之不是 1 就是 0。但如果我无限地算下去（我知道不能真的无限地算下去，但假设可以），结果是 1 还是 0 呢？有人可能会说，这可说不准，言外之意，这个级数的和没有固定值 [⊖]。但是，我在这里可以用一个小窍门，得出的结论肯定能让你感到不可思议。用 1 减去这个级数：

$$1 - G = 1 - (1 - 1 + 1 - 1 + 1 - 1 + \cdots)$$

再把括号展开，就变成：

$$1 - G = 1 - 1 + 1 - 1 + 1 - 1 + 1 - \cdots$$

等式右边看着熟不熟？那不就是 G 嘛。所以：

$$1 - G = G$$

$$2G = 1$$

也就是说，$G = 1/2$。这个结论吧，一想也对，因为这个级数的和本来非 1 即 0，1/2 等于是折中了。但再一想又不对，因为 1/2 既不是 1，也不是 0。

⊖ 即这个级数发散，确实如此。——编者注

另一个级数

我们下面再看另一个级数，样子是 $1-2+3-4+5-\cdots$ 和格兰迪级数一样，这个级数的和也不固定，最开始还是负数，很快就变成了正数，继续往后算还会不断变化。如果想知道它一直算到无穷大是多少，也需要某种神奇的招数。这个级数并没有专门的名字，我姑且称之为 S。我的招数是用 S 加上 S：

$$S = 1 - 2 + 3 - 4 + 5 - \cdots$$

$$S + S = (1 - 2 + 3 - 4 + 5 - \cdots) + (1 - 2 + 3 - 4 + 5 - \cdots)$$

$$2S = 1 + 1 - 2 - 2 + 3 + 3 - 4 - 4 + 5 + 5 - \cdots$$

现在，我要给等式右边改改样子：

$$2S = 1 + (1 - 2) + (-2 + 3) + (3 - 4) + (-4 + 5) + \cdots$$

把每个括号里的数都算出来，结果，神奇的事情发生了：

$$2S = 1 + (-1) + (1) + (-1) + (1) + \cdots$$

把括号去掉：

$$2S = 1 - 1 + 1 - 1 + 1 - \cdots$$

这不是老朋友格兰迪级数吗？格兰迪级数刚才算过了，是 1/2，所以：

$$2S = \frac{1}{2}$$

两边各除以 2：

$$S = \frac{1}{4}$$

这个结果，我一个数一个数地硬算下去的话，是肯定算不出来的。接下来，让我们把后续的证明做完。

证明完毕

用 R 代表自然级数，再从 R 中减去 S：

$$R - S = (1 + 2 + 3 + 4 + 5 + \cdots) - (1 - 2 + 3 - 4 + 5 - \cdots)$$

加些括号，改改顺序，得到：

$$R - S = 1 - 1 + 2 + 2 + 3 - 3 + 4 + 4 + 5 - 5 + \cdots$$

可以看到，所有的奇数都会一加一减变成 0，所有的偶数都翻倍了，那么得到：

$$R - S = 4 + 8 + 12 + 16 + \cdots$$

右边恰好是 R 乘 4 的样子，又因为 $S = 1/4$，所以：

$$R - \frac{1}{4} = 4R$$

把 R 移到同一边：

$$3R = -\frac{1}{4}$$

两边都除以 3：

$$R = -\frac{1}{12}$$

这个 R，就是自然级数的拉马努金和，也就是把所有自然数加起来加到无穷大，结果比 0 还小一点。正是因为这个结论是正确的$^{\ominus}$，所以才有了晶体管，才有了激光技术、省电的 LED 灯和核磁共振，我们才能享受到现代计算机科学和智能设备带来的种种好处。

困惑不解

可能很多人会对自然级数的拉马努金和感到困惑：一大堆正数的和怎么可能是一个负数？

但就是这一古怪结论衍生了量子力学上的若干法则。1948 年，荷兰物理学家亨德里克·卡西米尔（Hendrik Casimir，1909—2000）根据这些法则预言，真空中两块金属板之间应该存在某种吸引力。1996 年，科学家对这种被称为"卡西米尔力"（Casimir force）的微小力进行了首次测量，证实了卡西米尔的预言。

$\ominus$ 这个结论是正确的，即自然级数的拉马努金和为 –1/12，文中式子里等号的意义已不同于我们通常理解的等号。但遗憾的是，从严谨的数学角度来看，以上证明过程并不成立。对某些无穷级数来说，并不能随意更改求和的次序，因为根据黎曼级数定理，重排后级数可能会收敛到任意一个给定的值。拉马努金求和的具体过程艰深而复杂，涉及相当有趣且深奥的数学理论，需要掌握一定程度的高等数学知识。有兴趣的读者可以查阅相关资料。——编者注

第十四章　音浪太强

　　我们已经知道了现代电子设备有赖于拉马努金求和这种数学黑魔法，下面不妨看看那些通信和娱乐设备里隐藏着什么更接地气的数学技巧。

一波又一波

　　不管你是在淋浴时唱歌、给朋友打电话还是在听播客，其实都是空气气压的微小变化传到了你的耳膜上，再被你的大脑转译成了声音。想听到声音，全靠振动，振动的东西可能是空气分子，可能是你的耳膜，也可能是你家高保真音响上的音箱。

振动的速度可慢可快，慢则音低，快则音高。振动的幅度可大可小，大则声大，小则声小。振动的速度叫频率（frequency），能够反映音调高低，其单位为赫兹（Hz），得名自德国物理学家海因里希·赫兹（Heinrich Hertz，1857—1894）。一赫兹就是每秒来回振一次，所以 10 赫兹就是每秒振 10 次。振动的幅度叫振幅（amplitude），能够反映音量大小。从以上两个角度入手，我们可以把声音形象地看成一种波浪，也就是声波。

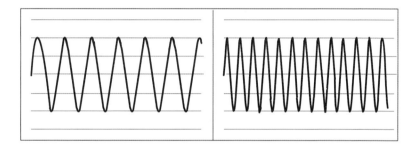

比如上面这两个声波，振幅是一样的，所以听起来一样响，但频率却不一样。事实上，右边的频率是左边的两倍——左边的波上下振动一次，右边的就会上下振动两次。不管左边还是右边，声波的频率都保持不变，如果把它们播放出来，听起来就是一个特定的音调，非常纯。这种声波叫"正弦波"（sine wave），自然界里可不常见，原因我们一会儿再说。把声波的频率加倍，就等于让音调高了八度。比如演出前，管弦乐队会进行定音，基准调是 A 调，其声波的频率是 440 赫兹。如果把它加倍到 880 赫兹，这个音还是 A 调，只不过是高八度的 A 调。这两种声音听起来很像，仿佛一男一女在唱同一首歌，只不过女声比男声更高。

我们说话、唱歌、演奏乐器时产生的声波，要比我们之前看到的正弦波复杂很多。这是因为"和音"（harmonics）现象的存在。以吉他为例，你拨动琴弦时，它会来回振动，从而产生一个音调。

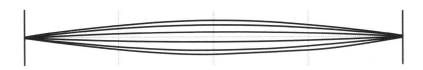

拨动这根弦，片刻之后它才会开始颤动，而且越颤动越弱。所以它产生的声波是这个样子的：

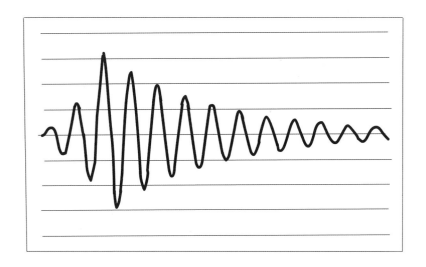

看起来还像是一个正弦波，只不过声音先变响、后变轻而已（振幅先变大、后变小），但吉他听起来并不像正弦波。这是为什么呢？因为你拨弦的时候，琴弦的振动不是只有一种方式。比如下面这种振动方式也是可能的：

这种振动与上一种振动会同时发生，但频率是前者的两倍，就像本章开篇说的那两个波形一样，所以听起来比前者高八度。两种声波叠加在一起形成的声波就是下面这个样子：

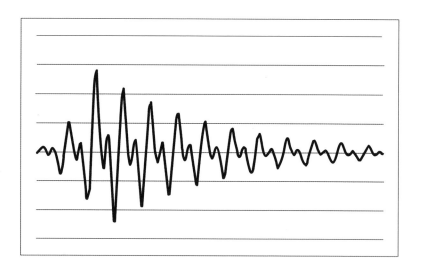

这还只是两种振动的叠加，还有许多种其他振动，如果全部叠加起来，波形会更为复杂。这种复杂的声波传到我们耳朵里，

就是所谓的音色（timbre）。不同的乐器，会以不同的方式让某个和音得到强化或者弱化，所以音色才会各有特点。

"采样"什么样？

了解了声音的本质，我们现在就可以理解声音是怎么被记录到电影、播客或者电话里去的了。想用电子的方式记录一段声音，你就必须对它进行"采样"（sample）。比如你与唱片公司签了合同，正在录音棚里录一张 CD，那么你的声音就一定会以 44100 赫兹的频率进行采样。这个数是从哪里来的呢？简单地说，是从你耳朵里来的。

给一段声音采样，就好比给它拍一张照片，记录它在某一时刻的波形。照片拍得越多，被记录下的波形就越多，加起来也就越接近原声音的波形。其实，听和看是一个道理：我给一场足球赛拍两张照片，你只能知道在拍照的那两个时刻发生的事情；如果我拍下好多好多张照片，你就可以看明白赛况的发展；如果我每秒钟就拍下 24 张照片，然后也让你以这个速度观看这些照片，你看到的就是这场比赛的实况转播。

奈奎斯特 – 香农定理（Nyquist–Shannon Theorem）就是你在给声音采样时一定要牢记的规律。奈奎斯特和香农是两位电子工程师，在广播渐渐风行的二十世纪二三十年代，他们在信号采样方面做出了开拓性贡献。两人发现，如果想通过采样完好地还原一件事情那就得用两倍于这件事情发生的速率来进行采样。

人类能听到的声音，最低的频率大约为 20 赫兹，类似教堂管风琴或者大号的最低音；最高的频率大约为 20000 赫兹，类似极其尖锐的哨声，或者那种老式晶体管电视机在打开的一瞬间发出的刺耳噪声。所以给人的声音采样，至少也需要 20000 赫兹的两倍，也就是 40000 赫兹。之所以标准值在其基础上又加了 4100 赫兹，是为了让录下的声音与电视里的视频同步。给视频采样也是类似的道理。每秒钟 12 帧（一张图为一帧）就能让你的大脑以为你是在看连续的画面，但只有用两倍的速度（也就是 24 赫兹）进行采样，才能让画面看起来足够流畅。电影院播放胶片的时候也要用 24 赫兹的帧率，电视播放画面的帧率存在地方差异，25 赫兹或 30 赫兹都有。对于激烈的动作游戏或者飙车游戏来说，帧率还要更高。

打包数据

假设你录好了一段时长 3 分钟的流行歌曲。采样率是 44100 赫兹，所以样本数一共是 $44100 \times 180 = 7938000$ 份。每份样本里能容下的信息，等于一个 16 位长的二进制数。二进制是计算机使用的记数系统，不同于我们平时数数用的十进制。二进制数的位也叫比特（bit）。一个 16 比特的二进制数，换算成十进制最大等于 $2^{16} = 65536$。也就是说，每份样本里都包含 0 到 65536 之间的一个数字，用来描述那一瞬间的波形。而你的这首歌，则一共可以存储 $7938000 \times 16 = 127008000$ 比特的信息。你更熟悉的信息单位可能是字节（B），1 字节等于 8 比特，所以你这首歌一共有 $127008000 \div 8 = 15876000$ 字节，大约是 $16MB^{\ominus}$。

化繁为简

在首部 iPhone 诞生 6 年前的 2001 年，一款名为 iPod 的产品问世了。iPod 虽然不是史上首个便携式媒体播放器，却有可能是最著名的一个。在此之前，你想听音乐总得揣着磁带、CD 到处走，很占地方，但 iPod 却大大改进了这一点，让你可以把音乐存储在它的硬盘里。第一款 iPod 的硬盘有 5GB，就像我们刚才说的那首歌，能存上 300 多首。这种存储音乐的方式已经很好了，但问题是还能不能更好？

在 20 世纪 90 年代中期，人们就已经开始通过网络来共享文档了，没过多久，音乐和视频也成了共享的对象。当时还没有宽带，上网还要拨号，也就是用已有的电话线传输数据，速度可能是 50KB/秒，所以把我们例子里那首约 16MB 的歌下载下来，需要 $15876000 \div 1000 \div 50 \approx 318$ 秒，也就是超过 5 分钟，这可

$\ominus$ 数据存储单位有字节（B）、千字节（KB）、兆字节（MB）、吉字节（GB）等，其中 1KB=1000B，1MB=1000KB，1GB=1000MB，这样的十进制单位（$1000=10^3$）常用于记录硬盘容量。另外国际电工委员会（IEC）制定了二进制存储单位（$1024=2^{10}$），包括字节（B）、千字节（KiB）、兆字节（MiB）、吉字节（GiB）等，规定 1KiB=1024B，1MiB=1024KiB，1GiB=1024MiB，这些单位常用于记录操作系统的内存。但现在这两种记录数据容量的方式已普遍混淆。——编者注

真够慢的。

因此，计算机科学家们自然想找到办法缩小这种音乐文件的大小——术语叫压缩。其中一个办法就是大名鼎鼎的 MP3，而 MP3 的发明全仰赖法国人约瑟夫·傅里叶（Joseph Fourier）在许多年前的一个数学发现。

傅里叶当时通过研究发现，任何一个方程，哪怕是最复杂的方程，都可以被拆分成若干更为简单的方程。用我们刚才给吉他琴弦画波形图作例子，傅里叶与我们恰恰是反其道而行。我们把两个简单的波形叠加成了一个复杂的波形，傅里叶则找到了办法将复杂波形简化成简单波形。其实你想想，傅里叶的方法正是在模拟你的耳朵和大脑在听音乐的时候做的事情。那么多的乐器声和歌声，传到你耳中时是非常复杂的一个整体信息，但你的大脑却可以辨别出里面哪些是吉他声，哪些是鼓声，哪些是歌声。

MP3 的发明者就是利用了这种"傅里叶分析"（Fourier analysis），把一段音乐信号拆分成了 32 个频段（frequency band）。凡是超出人类听力范围的频段都丢掉不用，凡是那些信号极少或没有信号的频段也可以丢掉，因为即使没了它们，歌曲听起来也不会受到什么影响。

这里面还有一个事实需要考虑，那就是在人类听力范围内，某些频率比其他频率更容易被我们的耳朵捕捉到。我们最擅长捕捉频率在 2000~4000 赫兹之间的声音，正常说话的声音恰恰就在这个频段。这个频段之外的声音，即使音量相同，我们听起来也会感觉声音更小，所以把这些频段的声音丢弃掉，也不会引起我们的注意。

MP3 所用的算法，就是把所有这些因素统统考虑在内，将一首歌的原始数据进行压缩存储。一个高品质的 MP3 文件，每秒钟能够传输 128kbit 的数据（即比特率为 128kbit/s）。所以我刚才录的那首歌，变成 MP3 格式就一共有 $128000 \times 60 \times 3 = 23040000$ 比特，换算成字节是 $23040000 \div 8 = 2880000$ 字节，也就是只有 2.88MB，连 CD 格式的 1/4 都不到。因为我们现在普遍都用数码的方式把音乐存储在硬盘里或者云端，所以音乐数据越小，占用的存储空间也越少，用无线网或者数据连接进行流播放的时候也更轻松。

一声中的

我小时候经常坐巴士去上学。我当时住在伦敦，坐的是那种著名的红色双层巴士。当时我注意到，在巴士等红绿灯或者到站的时候，发动机的振动会让车上的扶手发生严重的抖动，产生很大噪声。直到我上了大学才发现，原来这种现象叫共振。在本书第二章里，我们已经简单介绍了淋浴时唱歌的共振现象。

所有物体都有一个共振频率，外部的能量以这个频率传到某物体身上，能让它产生最大的振动。想想推孩子荡秋千这个事，你有时候推能让秋千荡得更快，有时候却不能，就是这个道理。再比如你唱歌的时候，有些音听起来特别棒，那就是因为在那个频率上，你的胸腔、口腔和颅腔发生了共振。我在巴士上看到的，其实就是发动机当时的频率恰好是扶手的共振频率，才让它们晃动得当当响。

歌剧演员靠声音就能震碎玻璃杯的故事我们都听过。这事是真的吗？红酒杯是出了名地容易共振：因为它是中空的，容易发出声音。所以每次酒席上有人用刀叉敲杯子的时候，它都会发出一个特定频率的声音。如果能唱出那个音调，你的声波就会通过空气的传递，让酒杯以那个频率发生振动。如果振动足够大，酒杯上微小的瑕疵就会破裂，酒杯真的就能碎掉。不过，真想做到这点，你的声音得非常有力才行。

非凡人生

傅里叶有着非凡的一生。他早年父母双亡，最初接受的是神学教育，本有望成为本笃会的牧师，后来迷上了数学，成为一名教师，在法国大革命期间他又积极投身革命事业。1798 年，拿破仑·波拿巴出兵试图收复埃及，傅里叶以科学顾问的身份随征，在法国向英国投降后，他又于 1801 年返回法国。回国后，傅里叶担任了格勒诺布尔（Grenoble）地区的总督。政务之余，他潜心研究各种数学问题，研究方向包括热传导和我们马上将会介绍的内容。傅里叶还是世界上第一个理解温室效应的人，这种效应表明，地球大气层能够储存来自太阳的热量，使得大气平均温度升高。

对于自己的种种研究，傅里叶说道："数学能够将多样化的现象进行比较，并揭示它们之间隐藏的深层次相似性。"有很多人都跟我一样热爱数学，原因有许多，傅里叶的这句话就点明了其中之一。

第十五章　追星指南

经历过"前智能手机"时代的人，都会对社交媒体的崛起感到不可思议。依靠社交媒体，你不但可以随时与自己的家人和朋友保持联系，还能关注自己喜欢的品牌、艺术家和明星。你可以给自己的偶像留言，幸运的话，还能得到对方的回复。

不过，你真的以为动动手指就能联系上明星吗？回复你的，十有八九是明星的社交媒体运营人员。真想成功，最好还是找一个明星真的认识而且信任的人，让他把你想说的话转达给你的偶像。不过，你怎么才能够打入明星的私人交际圈呢？

六人足矣

早在互联网诞生前，社交网就激发了数学家、经济学家和政治科学家的兴趣。那时候，长途电话已经成了现实，汽车也越来越便宜，所以人们也更容易与远方的人保持联系。于是那些爱思考的人就开始思考起当时的人际关联性及其正在发生的变化。

我们可以在这里重新推算一下他们的结论，但首先要做几个假设。第一个假设是，每个人都认识 50 个朋友，而且是那种好到可以让他们帮忙的朋友。所以，一个人借助第一层朋友关系，就可以联系到 50 × 50 = 2500 个人——因为他的 50 个朋友，每人还有 50 个朋友。当然，这还需要我们的第二个假设，也就是这里面没有哪两个人有共同的朋友。事实也许不是这样，但我们姑且这样假设。这个人再借助这第二层朋友圈，又能联系上 125000 个人。总之，每把朋友圈向外扩一层，能联系上的人的数量就要乘 50。当扩到第六层朋友圈时，社交网里的成员就超过了 150 亿人。全世界加一块也没有 150 亿人。所以，根据这种推算，我只要借助六个人连成的人际链，就可以联系到世界上任何一个人。这个理论叫作"六度分隔理论"（Six Degrees of Separation），能让你看清楚这个世界有多"小"。

不过，这只是模型推算，一个人的朋友熟人肯定不止 50 个，但里面肯定有人彼此认识，所以真实的人际网并没有那么大。有没有什么更现实的办法让我联系上明星呢？

以信寻人

20 世纪 60 年代，美国心理学家斯坦利·米尔格拉姆（Stanley Milgram，1933—1984）也想回答这个问题，于是想出了一个简单的实验。他选了一些距离美国波士顿非常远的城市，在这些城市的地方报纸上登广告，招募自认为人脉很广的人参加实验。随后，他给这些受试者分别寄去了一封信，上面写了波士顿某居民的名字，要求他们或者直接把信转交给此人，或者设法通过自己认识的人，把信一步步送到此人手中。

根据这一实验中得到的数据，米尔格拉姆得出结论：大多数美国人之间，最多借助 6 个人就能取得联系。这等于验证了我们上面那个推算的结果。

明星连连看

米尔格拉姆的实验当然也存在问题。许多信传到中途就断了，这说明人际链越长，联系到最终目标就越困难。但是，如果你能把研究范围控制在一个特定的社群里，这个问题就容易避免了。

美国有一位老戏骨叫凯文·贝肯（Kevin Bacon），至今已参演了 60 多部电影。20 世纪 90 年代，一些学生发明了一种"凯文·贝肯游戏"，玩法就是随便找一个演员，用某一部电影的共同参演者一步步连下去，看怎么能最终连到凯文·贝肯。几步能连到，这个演员的"贝肯数"（Bacon number）就是几。打个比方，西尔莎·罗南（Saoirse Ronan）参演过《赎罪》（*Atonement*），《赎罪》里也有詹姆斯·麦卡沃伊（James McAvoy），麦卡沃伊参演过《X战警：第一战》（*X-Men: First Class*），而那部片子里就有凯文·贝肯。所以，罗南的贝肯数是2，麦卡沃伊的贝肯数是1。凯文·贝肯本人的贝肯数，当然是0了。

　　数学家们也有类似的"连连看"游戏，但实话实说，比贝肯游戏要呆气很多。游戏的目标是匈牙利数学家保罗·厄多斯（Paul Erdos）。此人写论文好比贝肯拍电影，数量非常多，所以论文的合作者或共同作者也非常多（其中就包括第一章里出现的爱喝咖啡的雷尼）。游戏的规则就是用某篇论文的共同作者一步步连下去，看怎样能把一个人连到厄多斯身上。需要几步，这个人的"厄多斯数"（Erdos number）就是几。比如爱因斯坦：他曾与某个人一起发表过论文，而这个人也与厄多斯一起发表过论文，所以爱因斯坦的厄多斯数就是2。再说一个你想都想不到的例子——演员娜塔莉·波特曼（Natalie Portman）。她曾经在哈佛大学读过心理学，并与他人联合发表了一篇论文，借助这个关系最终真能连到厄多斯身上，她的厄多斯数是5。

　　若把这两款游戏合二为一，便能打造出一款超级小众的"厄多斯－贝肯游戏"，玩法是给某人算出"厄多斯－贝肯数"。波特曼的贝肯数是 2，所以她的厄多斯 – 贝肯数就是 5 + 2 = 7。我先不玩了，你再找其他人算算看。

唯命是从

斯坦利·米尔格拉姆还做过另一个有名的实验。1961年，他找来一批志愿者，让他们对受试者施以电击，说是要研究惩罚对记忆的影响。在实验中，电击的电压会逐渐加大到相当危险的级别。

这些志愿者并不知道，他们才是实验的真正对象。"受试者"都是假装痛苦的演员，实验的真正目的是想看看志愿者们面对那些人的求饶、尖叫甚至是昏死时，到底有多狠心。结果，尽管内心很是不安，仍有 60% 的志愿者施加了最高级别的电击。

这结果真是令人震惊！

天下一家

利用推算社交网的那套数学模型，你还可以证明我们人类一定拥有共同的祖先，所有人事实上都是兄弟姐妹。每个人都只有一对生物学意义上的父母，他们各自也都有一对父母。这样一点点向上推算，就能画出以你为核心的族谱：你上面是两个父母，再上面是四个祖父母，再上面是八个曾祖父母，以此类推。

我们现在倒退 1000 年，而且假设 25 年繁衍一代，那么 1000 年就一共是 40 代，因为上一代的人数总是下一代的两倍，所以你 40 代之前的祖先就一共有 2^{40} = 1099511627776 个。也就是说，你一个人 40 代以上的祖先，就已经超过了 1 万亿。听着多吗？根据推测，曾经在地球上生活过的人类，全部加在一起也才大约 1000 亿。

两个数差别这么大，这意味着什么呢？首先，这意味着在你的族谱里，许多祖先肯定出现了不止一次，也就是说，我们所有人或多或少都是近亲结婚的产物。其次，这意味着你的许多祖先也都是我的祖先，所以，不管血缘关系有多远，我们每个人其实都是亲戚。

人脉广大

假设你想借助人际链获得你那位偶像的关注，你成功的概率取决于你的人际关系网有多大。一个典型的脸书（Facebook）用户，大约有 300 名好友。一个典型的推特（Twitter）账号——不是名人的——大约有 400 个人关注。一个典型的 Instagram[⊖]用户大约有 150 个粉丝。但不管你典型不典型，你几乎一定认识一个认识一个认识一个认识一个认识一个认识那个你想认识的人的人的人的人的人的人。

⊖ 以上三种都是欧美常见的社交媒体。——编者注

不成对的"亚当"与"夏娃"

我们身体里的每一个细胞的细胞核里都包含着遗传信息，细胞核 DNA 一半来自母亲，一半来自父亲。除细胞核外，细胞的线粒体中也有遗传信息，线粒体 DNA 则完全是从母亲继承而来。因此，通过分析人类的线粒体 DNA，科学家们最终找到了繁衍出今天地球上所有人类的那位女性，即"线粒体夏娃"（Mitochondrial Eve）。从目前的研究结果来看，这位女性应该生活在距今 10 万到 20 万年前。与线粒体类似，Y 染色体只会父子相传，所以也就存在一位"Y 染色体亚当"（Y-Chromosomal Adam），据推算，他生活在距今 20 万到 30 万年前。由此看来，上述的"亚当"与"夏娃"不太可能是两口子。

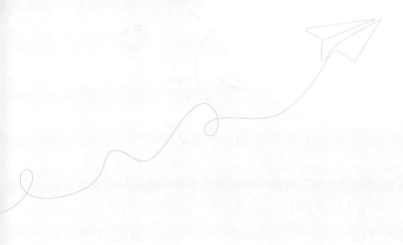

第六部分
美妙的夜与梦

白日已经过去，
到了晚上我们还是离不开数学，
比如怎么调出不凉不烫的洗澡水，
怎么让自己获得最香甜的睡眠。

第十六章　从日出到日落

　　"日出""日落"这两个词会给人一种错觉，好像是太阳在动。事实上我们都知道，动的是地球，是地球的自转造成了太阳从东方升起、在西方落下的表象。身在地球上的不同位置，身处一年中的不同日子，日出与日落的时间也不相同。问题是为什么？

北半球的白天

　　地球大致是一个球。赤道处的半径比两极处的半径大约要长

142

30 千米。这个数听起来挺了不得的，但地球中心到赤道的距离足有 6380 千米，所以 30 千米连它的 0.5% 都不到。为了表示地球上某处与赤道的距离，我们要用到"纬度"（latitude）的概念。比方说，我生活在英国的约克，从约克向地球中心作一条线，这条线与赤道面的夹角恰好是 54°，约克又在赤道北边，所以约克的纬度就是北纬 54°。

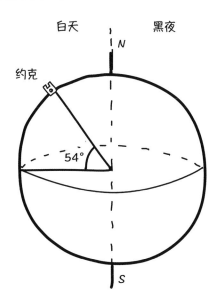

约克可真够靠北的。在夏至那天，日照时间接近 17 小时，但冬至那天大约只有 7 小时 22 分钟，差别相当大。上面那个图表现的是春分或秋分那天的地球，太阳直射赤道。此时，约克也好，地球上其他地方也好，白天和黑夜恰好都是 12 小时。春分和秋分都叫分点，英文为"equinox"，由"等"（equi）与"夜"（nox）两个拉丁单词构成。

　　如果地球总是这个样子面对太阳的话，那全世界天天都是昼夜相等的。科学家们认为地球尚未完全形成之际，被小行星撞了几下，结果姿态被撞歪了一点。结果，地球的自转轴并不是垂直于轨道平面的，而是偏斜了 23.4°。不管一个地方在什么纬度，随着地球在一年中环绕太阳一圈，那里获得的日照强度与日照时间都会因为这个倾角的存在而发生变化，这就是所谓的季节。在6 月 21 日夏至那天，地球看上去是这样的：

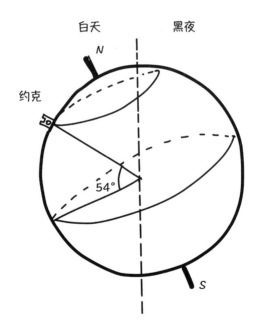

　　能够看到，约克在这一天绕着自转轴转了一圈，多数时候都处在阳光的照射下，也就是说，白天很长。冬至的时候情况正好反过来，约克转这一圈，多数时候都在地球的黑暗面，也就是夜晚很长。真的要计算某个地方在某天能得到多久的日照，过程有点麻烦，但学校里教的数学完全够用。下面这部分的数学计算可能算是全书最难的一部分，请大家做好心理准备。

令人挠头的三角学

下面就算算约克在夏至那天能获得多少小时的日照。

假设我沿着北纬 54° 的那个圈把地球切开——有点像给煮熟的鸡蛋去头，然后从北极上空往下看，看到的就会是下面这个图。外面的大圆是赤道，里面的小圆是北纬 54° 纬线圈。我在上面还标记了几个点：

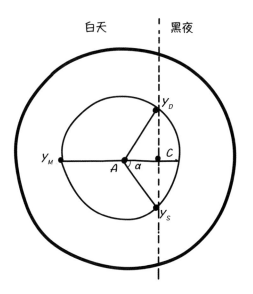

点 A 是小圆的圆心，与地心和北极在同一条线上。点 Y_D、Y_M 和 Y_S 分别代表约克在日出、正午和日落时的位置。要计算约克有多少时间在阳光下，我需要知道从 Y_D 经 Y_M 到 Y_S 这个大圆弧，在 360° 里到底占多少度。为了知道这个度数，我需要知道线段 $Y_M A$ 以及线段 AC 的长度。

约克的纬度是 54°，地球的平均半径是 6371 千米，现在我们从侧面观察地球，就能看到：

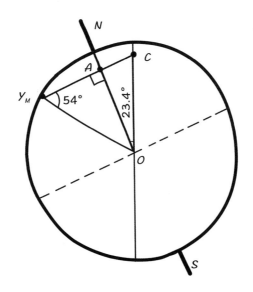

在三角形 $Y_M A O$ 中——O 代表地心——我可以利用三角学公式得出：

$$\cos 54° = \frac{Y_M A}{O Y_M}$$

$O Y_M$ 又是地球半径，因此：

$$\cos 54° = \frac{Y_M A}{6371}$$

两边都乘 6371，得出：

$$Y_M A = 6371\cos 54°$$

随便按几下计算器，再四舍五入取个整数，线段 $Y_M A$ 的长度也就算出来了，为 3745 千米。

也就是说，北纬 54° 这个小圆的半径就是 3745 千米。这个数我一会儿还要用。

下面来算线段 AC 的长度。算这个数，我需要知道线段 AO 的长度。在三角形 $Y_M AO$ 中，利用三角学公式可以得出：

$$\sin 54° = \frac{AO}{OY_M}$$

OY_M 即是地球半径，所以：

$$\sin 54° = \frac{AO}{6371}$$

两边都乘 6371，得出：

$$AO = 6371\sin 54°$$

用计算器求出 $AO = 5154$ 千米。现在，再看三角形 ACO。我知道角 AOC 的大小为 23.4°，所以：

$$\tan 23.4° = \frac{AC}{AO}$$

其中 AO 的长度我刚刚算出来，重复之前的运算过程，可以得出：

$$AC = 5154\tan 23.4°$$

用计算器求出 $AC = 2230$ 千米。这时候再回头看第 145 页的图，在三角形 ACY_S 中有：

$$\cos\alpha = \frac{AC}{AY_S}$$

AC 现在知道了，而 AY_S 与 AY_M 一样都是小圆的半径，所以：

$$\cos\alpha = \frac{2230}{3745}$$

因此：

$$\alpha = \arccos\left(\frac{2230}{3745}\right)$$

用计算器求出，角 α 的大小约为 53.5°。因为三角形 ACY_D 与三角形 ACY_S 全等，所以约克在黑暗中的运动弧度就是 53.5° + 53.5° = 107°，那么在白天的运动弧度就是 360° − 107° = 253°。之后，我们可以用 253 除以 360，再用这个比例乘 24 小时，得出的结果就是约克——或者说北纬 54° 的任何一个地方——在夏至这天的日照时间：

$$\frac{253}{360} \times 24 \approx 16.87 \,(\text{时})$$

也就是大约 16 小时 52 分钟，这是理论上的数。随着地球绕太阳运动，23.4° 的转轴倾角会使各个地区的白昼变长或变短，形成四季。

七色光

太阳比地球要大 100 多万倍，是一个超大号的核能火炉。太阳释放出的能量，有 98% 是以光子的形式存在的。光子是一种没有质量的粒子，可以表现成各种各样的电磁波：

无线电波	微波	红外线	可见光	紫外线	X 射线	伽马射线

能量低　　　　　　　　　　　　　　　　　　　　能量高
波长长　　──────────────────▶　　波长短

可见，电磁波的能量与波长决定了它的表现，也决定了我们对它的称呼。波长很长、能量很低的电磁波，我们叫无线电波。波长稍短一点的叫微波，微波炉里真的让食物变热的就是微波，而无线网和雷达信号其实也是微波。波长再长，就成了红外线，也就是我们感觉到的热。再往后是可见光，也就是彩虹里的所有那些颜色，可见光在整个光谱里所占比例很小很小。可见光往后是紫外线，那是导致晒伤和皮肤癌的罪魁祸首。紫外线之后是 X 射线，因为能量特别强，照到我们身上，除了骨头，什么部位都能穿过去。最后的伽马射线，连骨头都能穿过去。

太阳能够射出所有波长的可见光。把所有波长的可见光叠加在一起，看起来就是白光，所以太阳看起来就是白色的。但问题是太阳在很多时候并不是白色的。比如在画里，不管是梵高的画，还是你家孩子贴在冰箱上的作品，太阳从来都被画成了黄色或者橙色。这是为什么？

当你进入太空的时候（具体方法参见本书第六章），看到的太阳肯定是白色的。问题是在地球上，大气层会改变我们看到的太阳颜色。上学的时候，你应该见过那种分光实验，就是用玻璃做的三棱镜把一束白光分成一道道彩色光。平克·弗洛伊德乐队（Pink Floyd）的著名专辑《月之暗面》（*The Dark Side of the Moon*）的封面，画的就是这个实验。不管你是怎么知道的这个实验，总之，这个实验能够说明，光从一种介质进入另一种介质时会发生折射，也就是改变方向——这也就是为什么插在一杯水里的吸管，从某些角度看好像是折断了。光波的波长不同，偏折的程度也不同，所以含有不同色光的白光经过三棱镜后，光线会分开，形成漂亮的彩虹图案。

地球的大气层是各种气体（包括水蒸气）的混合物，太阳光射过来也会发生折射。同时，大气中的各种分子和悬浮的微粒会对太阳光进行散射，即光线偏离原来的传播方向而向四周散开。波长较短的蓝光更容易被散射，且人眼对蓝光的敏感度高，所以天空看起来是蓝色的。最终能照到地面的光，波长较长，靠近红色这一端。另外，光线在大气层里穿行距离越长，偏离出去的蓝光就越多。在日出和日落时，阳光几乎是平着射过来的，在大气层里的穿行距离最长，人眼接收到的主要是波长较长的红光和橙光，所以此时太阳呈现为橙红色。月亮也是如此，在天空中的位置越低，颜色就越红。

不过，人类对以上现象也做出了相应的进化，我们的眼睛和大脑可以根据光的颜色让我们产生困倦或者清醒的感觉（参见第十八章）。

近不一定热

地球绕行太阳的轨道近似圆形，但不是圆形，而是椭圆的。地球与太阳间最近的距离和最远的距离之间相差500万千米。听起来差距好像很大，但地球的轨道半径平均有3亿千米，所以这差距其实并不大。

每年1月3日前后，地球距离太阳最近——有趣的是，那时候的北半球正值隆冬。半年后的7月3日，地球距离太阳最远。由此看来，南半球的夏天要比北半球的夏天更热，因为那时的地球离太阳更近。事实上，地球的南半球在夏天从太阳那里获得的热量，相较北半球的确要多出7%。但是南半球的海水面积比北半球大，多获得的这些热量大多数都被水吸收了，所以实际上南半球的夏天并不比北半球夏天热多少。

第十七章　热水澡和好眠夜

　　我们在第二章讲了有关淋浴的数学。许多人为了一身清爽、精精神神地迎接新一天，早上都会冲澡。可在晚上，如果不着急睡觉的话，许多人都想舒舒服服地泡个热水澡。热水澡为什么让人舒服？

疲惫如"浮"云

到了晚上，你的肌肉已经相当疲劳了。白天，通常情况下，你是坐着办公的，正因为此，你的肌肉一直都在用力让你保持着一个姿势，它们必须要持续地对抗重力。

当一个物体浮在水上或者没在水里时，它肯定要把一部分水推到别处。这就是为什么你进到浴缸里时，水位会上升。阿基米德也是因为这一点才发现了阿基米德定律：一个浸入到液体中的物体，会排开与它体积相等的液体，同时物体受到向上的浮力，大小与被排开液体的重力相等。

举个例子。假设我把一个铸铁炮弹扔到了大海里。铸铁的密度大约是 7.2 克 / 厘米 ^{3}，海水密度大约是 1.024 克 / 厘米 ^{3}。假设这个炮弹的体积是 4000 厘米 ^{3}，那么它的质量就是 $4000 \times 7.2 = 28800$ 克，也就是 28.8 千克。同样体积的海水则有 $4000 \times 1.024 = 4096$ 克，即 4.096 千克。

但我们现在要比较炮弹与海水所受的重力（W），而不是质量（m），所以用 $W = mg$ 这一公式，得出：

$$W_{炮弹} = 28.8 \times 9.8 \approx 282（牛）$$

$$W_{海水} = 4.096 \times 9.8 \approx 40（牛）$$

也就是说，炮弹被 282 牛的重力往下拉，又被 40 牛的浮力往上托。这番较量之下，重力自然胜过浮力，炮弹因此加速下沉。

人体的平均密度与水非常接近，但不同的身体成分也会有小小的差异。脂肪的密度小于肌肉，所以你的脂肪越多，你就越容易浮起来。总的来说，人都能刚刚好地浮在水里，重力几乎都被水的浮力抵消掉了，所以你在泡澡的时候，辛苦的肌肉也就获得了充分的放松。

热水兑凉水

从数学的角度看，热传递是很复杂的事，但对于泡澡来说，我们还是可以利用一些基本的热力学定律加以分析。热量会从温度较高的物体向周围传递，直到温度一致。在这一过程中传递的热量，必须满足下面这个公式：

$$热量 = mc\Delta T$$

其中，m 代表质量，ΔT 代表温度的变化，c 代表比热容。比热容有点像密度，表示 1 千克的某种物质温度升高 1℃所需要的热量。水的比热容是 4184 焦 /（千克·℃）。要想泡澡泡得舒服，水温要在 45℃左右，但热水口出来的水的温度一般是 55℃，冷水口是 7℃。数学能不能帮我算出冷热水各放多少才能达到理想温度呢？

这个问题的关键是要明白：热量是从热水往冷水那里传递的。我们需要足够的热水把冷水加热到 45℃，还需要足够的冷水把热水降到 45℃。

把冷水从 7℃加热到 45℃，等于升高了 38℃。先用上面的公式算出让 1 千克水温度升高这么多要多少热量：

$$热量 = 1 \times 4184 \times 38$$
$$= 158992（焦）$$

热水从 55℃到 45℃，等于降了 10℃，看看 1 千克水在此过程中能释放多少热量：

$$热量 = 1 \times 4184 \times 10$$
$$= 41840（焦）$$

把上面两个数相除，就是：

$$158992 \div 41840 = 3.8$$

这说明用 1 千克冷水混上 3.8 千克热水，就能达到理想的泡澡温度。

接下来的问题是我一共需要多少水。普通的浴缸，一般长 1.5 米，宽 80 厘米，深 45 厘米。

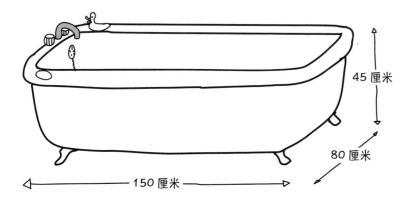

45 厘米

80 厘米

150 厘米

假设浴缸就是一个标准的长方体，单位统一使用厘米，而且把水加到半满，那么洗澡水的体积就是：

$$长方体体积 = 长 × 宽 × 高$$
$$= 150 × 80 × 22.5$$
$$= 270000（厘米^3）$$

水的密度是 1 克 / 厘米^3，那么这些水的质量就是 270000 克，即 270 千克。想算出这里面分别需要多少热水，多少冷水，我可以把 1 千克冷水与 3.8 千克热水想成一份总重 4.8 千克的洗澡水，那么 270 千克水一共需要 270 ÷ 4.8 = 56.25 份，也就是 56.25 千克冷水与 56.25 千克 × 3.8 = 213.75 千克热水。换算成体积，56.25 升冷水加 213.75 升热水就能调出温度完美的洗澡水。

一身热血

人类的体温在一天里会发生变化（参见第十八章），但平均大约是 37℃。不过，你身体不同部位的温度可是不一样的，比如双手双脚，距离身体核心⊖ 很远，温度要比身体核心温度低上几摄氏度——所以人类才发明了袜子和手套，在冷天给这些地方保温。

泡澡的时候，你的身体为了不让核心温度上升，会做出相应的反应。你身体末端的血管会发生扩张，把被热水加热的血液运

⊖ 核心一般指人体躯干区域，即身体整体中间区域。——译者注

到身体较凉的部位。这就是为什么很多人在泡澡后皮肤都会变得红红的，其实只要在很热的环境下待过都会这样。血管扩张就是体积变大，血压因此降低，血液循环相应地加快，所以躺在浴缸里泡澡，在燃脂方面的效果事实上等同于散步。

血液循环加快还有其他的好处。肌肉感觉到酸疼，是因为里面积累了乳酸，而血液循环有助于把这些乳酸转移开。肌肉和肌腱、韧带这些结缔组织，借助血液循环升温后会变得更有弹性，所以放松的不只是精神，还包括肉体。另外，热信号会干扰神经发出的疼痛信号，所以泡澡还有镇痛的功效。

随汗而去

你在浴缸里泡着澡，热量还在继续传递。热水的热能不仅传向你，还传向浴缸和浴缸周围的空气，让四周变得蒸汽氤氲。慢慢地，除了皮肤因为血液循环加快而变红，你的核心温度也在升高，于是身体开始出汗。

出汗可以给你降温，这是因为汗水在吸收你的体热后会蒸发。所谓蒸发，是指物质从液体变成气体的过程。在这个过程中，液体里的分子需要获得足够的热能才能从液体中脱离出去，变成气体飘走。这种热能没有让液体的温度发生改变，所以被称为"潜热"（latent heat）。你的体热就是以潜热的形式被蒸发的汗水带走的。

出汗还有别的好处。泡澡会让你心跳加速，体温升高，这会让你的身体以为你正在锻炼，于是开始在大脑中释放一些与锻炼有关的激素。其中的多巴胺能让你产生快感和回报感，血清素能让你产生幸福感和满足感。所以，泡澡不只是让你身体变热，还会让你的大脑带给你一种热热乎乎、朦朦胧胧的美妙感。

睡个好觉

我们在下一章将会揭示，体温对睡眠的作用非常重要。泡过澡的你会离开热水，离开热腾腾的浴室，那么体温就会开始下降。体温下降是在给身体发出"准备就寝"的信号，所以睡觉前稍微泡个澡，是有助眠功效的。事实上，为了帮助那些患有失眠症等睡眠障碍的人，专家通常会推荐"水基被动身体加热法"，用大白话来说，就是泡个热水澡或用热水淋浴。

而且，泡澡能够让你自然而然地暂时摆脱俗世，你可以冥想，甚至是遐想，这也是为什么泡澡能在放松身心方面有神奇的效果。从古罗马人，到现在的日本人，好多人都将泡澡视为一种信仰。英国人也不例外，我们有一座城市就叫"泡澡城"——巴斯（Bath）! [一]

[一] 巴斯（Bath），位于英格兰埃文郡东部，古罗马人最早发现了这里的温泉，便开始兴建奢华浴场，并为该城市命名为 Bath（意为浴池）。类似的地名还有德国的巴登巴登（Baden Baden，意为沐浴或游泳）和比利时的斯帕（Spa，意为温泉）。——译者注

越吃越瘦?

当你吃冰激凌这种冷的东西的时候，热量会从你的身体传向食物。有人算过一笔账，1 克冰激凌的热量大约是2.5 "卡"（Calorie），但把吃到肚子里的冰激凌化掉，1 克需要耗掉你 17 卡（calorie）的热量。一加一减，等于每吃掉 1 克冰激凌，就能减去 14.5 卡的热量。天下有这么好的事?

确实没有。作为热量单位，首字母小写的 "calorie"，就是我们通常说的 "卡"，也就是卡路里；但首字母大写的 "Calorie"，词虽然一样，传统上却用来代表 "千卡"，也就是大卡。所以那个人搞错了这一点，真正的情况是你每吃 1 克冰激凌，就能获得 2500 - 17 = 2483 卡的热量。

英国现在为了避免此类混淆，在给食物标注热量时统一用 "kcal" 表示千卡。

第十八章　睡眠之波

　　虽说睡得好才是真的好，但这么一个看似简单、自然的过程，事实上却出奇地复杂，而且许多人经常享受不到好睡眠。在这一章里，我们将从数学的角度分析你应该做什么，不应该做什么，才能使各种节奏同步循环，让自己获得良好的睡眠。

昼夜节律

　　人体，也包括大多数植物和动物的身体，其实都自带一个24小时的生物钟，术语叫"昼夜节律"（circadian rhythm）。它能告诉你的身体什么时候睡觉，什么时候醒来。这个调节系统非常巧妙，不管你是热是冷，不管此时是昼长夜短的夏天，还是昼短夜长的冬天，它都能够让你有规律地睡去醒来，循环往复。

我们体内有三个重要因素，既能控制你的昼夜节律，同时又受其控制，它们之间以一种反馈回路（feedback loop）的方式彼此影响，其机制非常复杂，今天尚不能完全理解。第一个因素是褪黑素（melatonin）。天黑的时候，你的大脑就会分泌这种激素，告诉你的身体该睡觉了；天亮的时候，大脑就不分泌了，告诉身体要精神起来。新生儿的身体并不懂得如何做出相应的反应，所以他们要过一段时间才能学会在晚上睡觉。

5pm 7pm 9pm 11pm 1am 3am 5am 7am 9am 11am 1pm 3pm 5pm

上图是人体内褪黑素，浓度随时间的变化，可以看出，体内的褪黑素水平从晚上 8:00 前后开始上升，在午夜达到顶峰，到早上 7:00 前后又回落到低位。你的大脑是怎么知道什么时候天黑的呢？

有光睡不着

眼睛是人体探测光线的器官。眼球背后的视网膜主要拥有三种感光细胞。其中两种叫视杆细胞（rod cell）和视锥细胞（cone cell），在一定光强下，它们能让我们看到物体的颜色和形状。第三种感光细胞是在 20 世纪 90 年代才发现的，名字可没有前两种那么好记，叫"内在光敏感视网膜神经节细胞"（intrinsically photosensitive retinal ganglion cell，简称 ipRGC）。这种细胞与我们的视力没有直接关系，但能感光并控制瞳孔。它们直接与我们大脑中掌管生物钟的部分相连，是控制身体昼夜节律的第二个重要因素。

研究显示，ipRGC 对于可见光中蓝光波段的光线最为敏感。第十六章里讲过，这一波段的光线是在大气层里被最先折射掉的，而且到了晚上，自然光中的蓝光会变得更少。ipRCG 察觉到蓝光变少，于是就给大脑发信号，让身体进入睡眠准备。

不幸的是，现代人大多数会用人造光来延续自然光。入夜后，街上也亮灯，家里也亮灯，电视、计算机、智能手机的屏幕也会发光。所有这些光里都有蓝光，它会让你的大脑觉得现在还没到上床的时候。幸运的是，许多电子设备现在有一个夜间模式，能减少屏幕发出的蓝光，目的是不让你的生物钟受到干扰。

你飞快地沿着地球往东或者往西移动时，也会严重干扰自己的昼夜节律。长途飞行本来就很累，当你到了目的地时很想睡觉，但走出机场一看，外面却是阳光灿烂的正午，昼夜节律因而遭到彻底颠覆。这种不适感被称为"时差综合征"，一般来说在向东飞行时更为严重。这是因为向东飞行等于让白天变短了，等于要提前入睡，而提前入睡对大多数人来说都很困难。与之相反，向西飞行等于是让白天变长了，所以为了恢复昼夜节奏，你要做的其实就是熬夜，而熬夜比早睡可要容易。电子设备屏幕上发出的蓝光，其实是有助于你熬夜的，所以长途飞行时与其坐在那儿打盹，不如看会儿电影。

笑是头号良药

对于严重的疾病或外伤，笑恐怕不算头号良药，但笑的确能够有效降低你体内的皮质醇（cortisol）水平，还能释放一种叫内啡肽（endorphin）的激素。皮质醇的降低会减少你的压力感，内啡肽的释放能为你带来幸福感，消除疼痛感。这一低一高，可谓双管齐下。所以，要是你感觉压力有点大，晚上最好别看剧情片，而看点情景喜剧。

凉醒热困

人体的平均核心温度大约是 37℃。这个数值，不但不同人之间、不同日子里不尽相同，就算在一天之内对一个人来说也有高低的变化。其实我们的身体有点像是机器，白天运转起来的时候就会热一点，晚上静止下来的时候就会凉一点。所以你的体温在一天里大概会发生这样的波动：

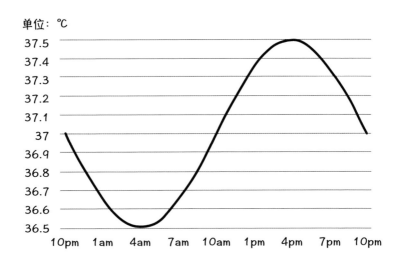

单位：℃

体温在凌晨 4:00 左右处在最低位，大约 12 小时后会攀升至最高位。体温的变化其实也是昼夜节律的一部分，体温在傍晚下降就是一个重要的入睡信号，因此晚上泡澡或者洗热淋浴，通过排汗让体温下降，有助眠的功效（参见第十七章）。你也可以反其道而行之，在早上冲个凉，让身体在低温的刺激下开始升温，从而顺利进入上午的体温上升期。

所以，虽然没人愿意钻冷被窝，但在夜晚保持凉爽的确有助于你的身体在体温的调节下快速进入梦乡。

压力使然

第三个控制昼夜节律的因素是一种叫皮质醇的类固醇激素。皮质醇常被人称为"压力激素"，在身体"或战或逃"的反应中，会与肾上腺素被一同释放出来。皮质醇能够调节血糖，让你精力充沛。高强度锻炼期间，你的身体也会释放这种激素。

人体内的皮质醇水平，在一昼夜间会遵循一个先升后降的自然规律：

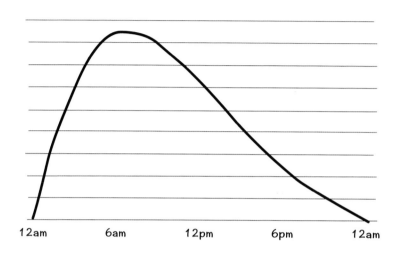

12am　　6am　　12pm　　6pm　　12am

这种升降规律，很适合我们靠打猎和采集为生的祖先。大约从午夜开始，皮质醇水平就会上升，到醒来的时候就已达到了有效水平，在早上 8:00 左右达到峰值，此后慢慢下降。如果中间发生了压力性事件，比如和剑齿虎搏斗，或者猎捕猛犸象，皮质醇会短时飙高，但过后又会降至正常水平。

今天的你，很可能不靠打猎和采集为生，也不用经常性地进入或战或逃的模式，但现代生活总会带给你一定程度的压力，而压力也会让你的身体释放皮质醇。正常的皮质醇曲线因此受到了干扰，让你很难放松下来入眠，或者是让你提早醒来，然后就睡不着了。

好眠好梦好健康

上面讲的这些，明确说明人体的进化，就是为了让我们在睡眠中度过黑夜。没人能够完全想得通这到底是为什么。有人说是因为我们在夜间视力不佳，有人说是为了节省体力，有人说是为了给大脑"放个假"，让它自我修复，自我升级。不过可以肯定的是，人或者动物要是睡眠遭到了剥夺，肯定没有好下场，不但免疫系统会变弱，最后连性命都保不住。

不眠强人

关于人类长期不睡觉的案例，目前有几个得到了有效的记载。1964 年，17 岁的美国人兰迪·加纳（Randy Gardner）参加了一项针对睡眠缺乏的研究，他在 11 天多一点点的时间里一点觉也没有睡，创造了失眠纪录，但付出的代价是语言不清、注意力涣散并出现了幻觉。这个纪录后来据说被一个叫毛瑞恩·维斯顿（Maureen Weston）的英国女人打破了。她当时参加了一场时间最长的"摇椅马拉松"（rocking-chair marathon），竟然在 14 天半的时间里连续保持着清醒。尽管她是这一纪录的保持者，但《吉尼斯世界纪录大全》现在已经取消了这个项目，目的是阻止人们试图打破这个"危险"的纪录。

后 记

我希望读罢此书的你很享受这个过程，也希望你能因此了解如何利用数学让自己一天的生活变得更加顺意。

如果你喜欢本书有关汽车、火车和火箭那部分的内容，那么我推荐你再去读读兰道尔·门罗（Randall Monroe）的《那些古怪又让人忧心的问题》（*What If？*）。那是一本"处处走极端"的读物，而且文字非常幽默。你也可以看一下我写的另一本书《方程式之美》（*An Equation for Every Occasion*），同样"处处走极端"，但重点是让你利用数学摆脱种种荒唐的困境。

如果你喜欢本书中那些介绍数学家、科学家的"小专栏"，不妨去读读柯林·贝弗里奇（Colin Beveridge）的《数学的世界》（*Cracking Mathematics*），与大多数有关数学史的书籍相比，其可读性更强。你还可以试试《从 0 到无穷：数学如何改变了世界》（*From 0 to Infinity in 26 Centuries*），那本书也是我写的，是一本通俗易懂的数学大事记。

最重要的是，我希望读过这本书的你能与我联手，一起对抗今天社会上普遍存在，甚至是受到追捧的"数学焦虑"。很多成年人都喜欢坦承自己的数学有多糟糕，语气里甚至还带着诙谐，孩子们看多了听多了，也许就会觉得自己学不好数学也没什么大不了。这种风气会助长一种固定的思维模式，好像人学不学得好数学都是天生的，但事实绝对不是这样。

如果你是学龄儿童的家长，你应该尽量参与他们的教育，你参与得越多，他们就越不可能受到数学焦虑的影响。你可以和他们一起学数学，采取一种成长型思维模式，遇到难题时对孩子说"我不知道怎么做这个，要不我们一起查查看？"，而不是说"孩子，这事就靠你自己了，我在数学方面一窍不通"。如此一来，你就能最有效地鼓励孩子享受数学中的乐趣——数学虽是门必修课，但不代表它没有迷人之处。

毕竟，我们生活中的每一天都被数学支配着。

译后记

作为读者的你，能在今天的一本译作里读到"译后记"，是否觉得有些意外？至少作为译者的我，在获邀写译后记时确实非常意外。我对这样意料之外的邀请做出一种解读：这本书的编辑们重视译文，重视译者。我想，在今天的引进版图书市场里，这事儿打着灯笼也难找到——是读者也是译者的福气。

作为本书中文版的第一个读者——应该也是读得最仔细的读者之一——我对作者脑洞之大、想象力之强、"东拉西扯的功力"之深厚，印象最深。相比之下，书中实打实的数学知识反倒像是"配角儿"。这本书主要是写给那些已经工作了的成年人的（当然，如果你是学生，阅读起来也完全没有问题）。在一本写数学的书中，提到阿基米德和牛顿、三角函数和博弈论，列方程式，画辅助线，这些都不奇怪。但这位作者，偏能把骑车、猜硬币、喝咖啡、泡澡、面试、瘦身、网购这些生活中的琐事统统囊括；能将平克·弗洛伊德、娜塔莉·波特曼、电影《X战警》等演艺界的人或物与数学结合；还会在正儿八经的数学推导中冷不丁地"抖包袱"，玩"谐音梗"；更能想出"证毕侠""全靠猜"这些拥有特立独行的名字的人物（当然，也由于我将它们译作如此），并将他们编成剧情"激烈"的数学应用题……这样的文字，在一般的教辅书或者科普书里可找不到。

我们中国人提到数学乃至任何科学，总会使用"严谨"二字，但不免说着说着，渐渐把"严谨"错解成了"严肃"。在课堂上，也可能出现督导黑着脸听，老师板着脸教，学生苦着脸学的情况。要是老师出错了，或是学生答偏了，评价者要大惊小怪，被评价者便长吁短叹。久而久之，人们对数学心冷了，不但不把数学当作一件有趣的事儿，更是巴不得与数学"老死不相往来"——而事实上数学与生活的方方面面都息息相关。

我虽不是数学专家，不过也看出原书中的小部分文字表述似有轻率之嫌，我想这是作者为了增加"普及性"而适度牺牲了"严谨性"，也由于本书原就是为加强普通人对数学的关注和了解而创作的大众科普读物，而绝非教材教辅。诙谐、接地气的表达非但不是本书的缺点，反而恰恰是其最大的优点。本书毕竟不是在给大型客机飞行员写操作手册，大可不必在表现方式或其他细节上过分纠结，吹毛求疵。把贵如金的好奇心给消磨没了，那才是大事。尤其对于自己有孩子，且孩子正在上学的读者，还请切记。

要是非要论及这本书的缺点，大概也要归结于我这个翻译身上，总结起来仍是"并非全然严谨"。现今有一些译者，学习了一大堆翻译理论，但仍然把翻译这门灵动的艺术视为机械的技术，觉得一个词、一个表达的译法是固定的，或认为原文先说甲后说乙，在翻译时的顺序就不能乱，认为"2 + 2"当然不该译成"4"，以此自诩"严谨"。不过这样译出的内容，看着是中国字，读着却不像中国话了。与原文相比，我的译文有时繁变简，有时简变繁，也作加词减字，前后调换语句的顺序，目的就是让读者们看到"整过容的中文"，而不是"毁了容的英文"。

最后，我依然不能免俗地声明一番：受限于本人的学识、功力和精力，这部译作定有许多不足之处，还望各位读者海涵，多多指教。我们都身处个体被种种事物支配的时代里，这本《被数学支配的每一天》也许能为你带来一丝孩童才享有的自由感。

术语表

- **八面体（octahedron）**

  多面体的一种，有八个面。

- **百分数（percent）**

  分母为 100 的特殊分数，用百分号（％）表示。

- **半径（radius）**

  圆心至圆周上任何一点的线段。

- **比特（bit）**

  二进制数中的一位。

- **表达式（expression）**

  由数学符号、数字和字母构成的组合。

- **表面积（surface area）**

  一个三维物体表面面积之和。

- **波长（wavelength）**

  相邻两个波峰之间的距离。

- **不等式（inequality）**

  数学表达式的一种，类似等式，但表达的是不等的关系。

- **长方体（cuboid）**

  多面体的一种，共六个面，每个面都是矩形，相邻两个面的夹角都是直角。

- **二进制**（binary）

  一种只用 0 和 1 来记数的方法，常用于计算机等数码设备。

- **二十面体**（icosahedron）

  多面体的一种，共二十个面。

- **方程**（equation）

  含有未知数的等式。

- **分点**（equinox）

  一年中昼夜等长的那一天，包括春分和秋分。

- **浮力**（buoyancy）

  浸入液体（或气体）中的物体受到的向上的托举力。

- **概率**（probability）

  一件事情发生的可能性。

- **公式**（formula）

  用数学符号表示几个量之间关系的式子。

- **光子**（photon）

  一种没有质量的粒子，电磁波谱上的各种电磁波，包括可见光，都是由光子组成的。

- **级数**（series）

  将数列的项依次加起来的函数。

- **加速度**（acceleration）

  速度随时间的变化率。

- **焦耳**（joule）

  能量单位，简称焦，符号为 J。1 焦 = 1 牛·米。

- **节点**（node）

  图像上线的交汇点。

- **卡路里**（calorie）

  能量单位，一般用于表示食品饮料中的热量。

- **密度**（density）

  一个物体的质量与体积的商，可以反映一个物体有多重。

- **面积**（area）

  一个二维物体覆盖区域的大小。

- **抛体**（projectile）

  以一定的初速度被抛射出去，仅在重力作用下运动的物体。

- **抛物线**（parabola）

  圆锥曲线的一种，最简单的表达式是 $y = x^2$。

- **频率**（frequency）

  波在单位时间内振动的次数。

- **摄氏度**（degree Celsius）

  根据水的沸点和冰点确立的一种温度计量单位。

- **升**（litre）

  体积单位，常用于衡量液体。

- **十二面体**（dodecahedron）

  多面体的一种，共十二个面。

- **数列**（sequence）

  按照一定次序进行排列的一组数，这些数被称为项。

- **四面体**（tetrahedron）

  有四个面的多面体，每个面都是三角形。

- **算法**（algorithm）

  为了完成一个任务、解决一个问题而采用的一系列方法或数学操作。

- **体积**（volume）

  一个三维物体占据的空间大小。

- **弦**（hypotenuse）

  直角三角形的斜边。

- **真空**（vacuum）

  一个没有物质或者几乎没有物质存在的空间。

- **振幅**（amplitude）

  物体振动时离开平衡位置的最大距离。

- **直径**（diameter）

  通过圆心且两端都在圆周上的线段。

- **至点**（solstice）

  包括夏至和冬至，一年中白天最长的那天叫夏至，白天最短的那天叫冬至。

- **质量**（mass）

  一个物体所含物质的量。

- **重力**（gravity）

  物体由于地球的吸引而受到的力。

- **重力加速度**（gravitational acceleration）

  物体受重力作用的情况下所具有的加速度，常用 g 表示。地球表面的重力加速度约为 9.81 米 / 秒 ^{2}。

- **字节**（byte）

  8 个比特等于一个字节。

- **坐标轴**（axis）

  一条用数字标记的线，常用一横一竖两条构成一个直角坐标系，可以在其中画出函数的图像。

致　谢

　　这本书经过了多次修改，才最终出现在了你的手中。我首先必须要把大大的感谢送给乔·斯坦塞尔（Jo Stansall），是他让这本书从无到有。但这本书从有到最终成型，则全依赖加布里埃拉·尼梅瑟（Gabriella Nemeth）的细心指导和积极鼓励。加比，多谢啦！

　　要是没有那些精妙的漫画和图表，本书的品质肯定会大打折扣。我在这方面纯粹是外行，把我原来的涂鸦转变成书中这些"艺术品"，主要是尼尔·威廉姆斯（Neil Williams）的功劳——当然，我也提了无数次意见。尼尔，谢谢你。

　　另外，在我守着键盘码字的漫长时日里，我从两条狗狗那里获得了大量无条件的支持。它们会用热乎乎的身体来暖我，还会在我久坐伏案时提醒我——是时候出去走动一下了。谢谢你们，"小盆栽"（Bonsai）和"小石头"（Marble）。

　　最后，我要向我的妻子莫拉格（Morag）表达无限的感激。吾若无卿万事空。